JN188469

信頼と創造の物語

（株）シンクスコーポレーション創業者
柴﨑安弘

RIGHTING BOOKS

もくじ

第3章　非鉄金属業界との出会い

第4章 独立起業への準備

第5章 経営基本計画

第6章 シンクス社史 〜創業から現在までの歩み〜

第7章 企業経営とは ～仕事のコツ、考え方～

はじめに

シンクス社は１９９７年４月１日の創業開始から、２０２１年４月１日に２５周年を無事に迎えることができました。四半世紀もの長きにわたり事業を継続できたことを我ながら誇りに思います。本当にありがとうございました。創業者として感謝の念にたえません。

会社設立に賛同し、協力していただいた住金物産の牧野氏、賛同し参画してくれた３人の役員をはじめ、社員、仕入れ先、販売先、金融機関、株主、その他多くの関係者や家族と親兄弟などのお力添えをいただいたおかげです。この紙面をお借りして、皆様に心より感謝申し上げるとともに、厚く御礼申し上げます。

しかしながら、単に２５年という業歴の長さを誇ることでは、景気変動などの変化の激しい昨今、これまでと同様に生き延びられるかどうか、定かではありません。努力と創意工夫を重ね、成長発展を目指さなければ、時代の波に飲まれて淘汰されてしまうでしょう。

小生、まだまだ未熟ですが、おかげ様で長生きして、高齢になりました。創業25年の四半世紀を迎えることができたことで、第25期株主総会をもちまして、経営の第一線から退くことを決断しました。

退任するにあたって、ひとつだけ願いがあります。

シンクスを「100年企業」にしたいということです。

数年、数十年続いたぐらいでは、企業として一流とはいえません。

100年、一世紀という単位で継続してこそ、はじめて社会から必要とされ、認められた企業といえるでしょう。

では、100年企業になるためにはいかにすべきか。

金融機関に提出するような、中長期経営計画などを策定するだけでは不十分です。

そこで大切になるのが経営理念です。

額にいれて、社長室に飾っておくようなお題目ではありません。

社員が日常の業務を滞りなく遂行するための、幹部が判断にまよったときの指針になるような、実際につかえる経営理念です。

経営理念をしっかり守り、さまざまな経営リスクに対し「守り」と「攻め」のマネジメントをしていけるかが、企業が１００年存続できるかどうかの鍵になります。

その経営理念の重要性をいかにわかりやすく説こうかと考えたとき、本書の刊行を思いつきました。

創業者として、シンクスの企業精神や考え方などを、社員の皆様に文章として残すことが大事であると考えました。

ただ単に話をして聞かせるのではなく、言葉、文章として読んでもらうことで、はじめて読者の血となり肉となるのではないかと思ったからです。

「社員一丸となって……」というようなきれい事をいうことは簡単です。ですが、実際に「一丸になるために」具体的な理念や方法をかかげる会社は少ないように思います。

どんなに時代が変わろうとも、その時代の変化に対応し「変えてはいけないもの＝不可変」と、「変えなくてはいけないもの＝可変」をしっかりと見極め、現状に満足することなく未来に向かって前進していくことが大切です。

そこで本書では、①設立経緯　②企業理念　③存在目的　④歴史　⑤企業風土・文化　⑥企業経営の考え方などを小生個人の自分史に併せ、振り返ることで、全社員のベクトルを合わせていくことを試みていきます。


シンクスは製造業ですが、小売業（卸売業）でもあり、サービス業でもあります。企業の本質は業種が何であろうとも、世の中に必要とされる会社でなくてはなりません。お客様が喜んで対価を払って買っていただけるよう努力を重ねて、常に喜びやメリットを提供しなくてはなりません。

つまり、サービス業とは、企業とお客様との「良き循環」という関係によって成立しているのです。

この循環は、正常な人間の血液の流れと同じ様に、買い手と売り手だけに留まらず、地域社会にも広がっていきます。この流れが強まり広がることで、地域の皆さまから感謝され、世の中にとって、なくてはならない必要不可欠な企業としての価値は高まり、その信頼は増幅されていくことでしょう。

企業が100年継続できるようになるためには、つねに新たな価値を創造し、信頼の絆を強くしていかねばなりません。

その新たな価値創造と、信頼感の増幅こそが、100年企業を実現する礎《いしずえ》となっていくはずです。

そこで、本書のタイトルは「信頼と創造の物語」と名付けました。

構成としては、第1章から第2章が、小生のこれまでの経験を綴った自叙伝部分です。シンクス誕生の歴史から知りたい方は、第3章からお読みください。また、第7章は、仕事をする上で大切にしていること、新会社を設立するにあたって心得たことなどをまとめました。

どこから読み始めていただいても、かまいません。

本書は、当社の社員や幹部向けにのみ書かれたものではありません。

これから起業を考えている方、経営幹部の方々にも役立てていただけるよう、構成を工夫しております。

「愚者は経験から学び、賢者は歴史から学ぶ」

といったのは、ドイツを近代国家に育てた鉄血宰相ビスマルクの言葉です。

我が社の短い歴史ではありますが、それを本書のような形で公開することで、社会のお役にたてればとの気持ちで執筆させていただきました。

仕事にやりがいが見えなくなったとき、ご自身の信念が揺らぐような場面に遭遇したとき、会社を設立しようと考えたとき、人生においてピンチが訪れたとき。本書が、皆さまの一助となれましたら幸いです。

シンクス設立に直接的には、関係ありませんが、小生の人生に大いに影響を受けた、ベーリング海での、母船式漁業の船上生活体験記も記載しましたので、ご一読ください。

変化の激しい時代、読者の皆様が、なくてはならない存在価値のある社会貢献企業となるように、シンクス哲学を反映した経営理念などを習慣化し行動することを、希望します。

第1章

私の生い立ち

〜学生時代まで〜

米屋の四男坊

私の実家は、文京区護国寺（徳川五代将軍綱吉が生母桂昌院の願いで創建した寺）の傍にありました。子どもの頃はその境内でかくれんぼをしたり、隣の豊島ヶ岡御陵を探検したりして過ごしました。とても緑が豊かな地域でした。

３歳の時、大変なことが起こりました。

Ｂ２９による空襲で、焼夷弾が家屋に命中し全焼、一家は焼け出されてしまったのです。幸いにも菩提寺の護国寺の防空壕にいたため、家族全員の命は無事でした。その後、子どもを育てるため、両親は懸命に生きていく術を見つけました。父は「自転車屋」母は「餌や」を開業し、６人の子どもたちも勉強そっちのけで両親の商売の手伝いをしていました。

６人兄弟の中でも小生は家の手伝いをしながら、よく勉強をする子どもだったそうです。小学生の頃は、学年の半数が中学受験をするような雰囲気の中、ミカン箱を机にして勉強していたのは、近所でも私くらいかもしれません。しかし、中学受験には失敗し公立中学に進学することになりましたが、両親は子どもたちの教育にあまり関心はなかったようでした。父兄会などに来てくれたことは一度もありません。自由奔放に育てられたように思います。

戦前、実家は「米屋」を営んでいました。

商売熱心だった父と母は、小生に「商人としての生き方」を背中で見せてくれました。特に母は、「つましい人」という表現が良く似合います。よく働き、控えめで自分のことは後回し。生活は苦しかったと思いますが、母の大らかで奔放な性格のおかげで、私たちが惨めな思いをしたことは一切ありませんでした。

そんな母を助けようと、学校から帰れば数時間は家の手伝いというのが、我々兄弟の毎日の習慣になっていました。みのを使って鳥の餌をふるいにかけ、もみがらを取り除いたり、兄弟で配達に行ったりと、多くの仕事を喜んでこなしました。

「苦境であっても決してあきらめない」

こうしたチャレンジ精神は、この頃の経験から得られたものかもしれません。苦しいことを苦しいと口にせず、皆が力を合わせて前を向いて生きていこうとしていました。

学生時代起業するも失敗

子どもの頃に得られた前向きな精神のおかげで、これまで何度か、ピンチをチャンスに変えることができました。運が味方をしてくれたのです。

1つ目は大学を卒業した年、東京オリンピック翌年の1965年のことでした。この年は、日本中が熱狂した前の東京オリンピック年と打って変わって、揺り戻し不況で、就職は大変な年でした。

学生時代あまり勉強に没頭した記憶はありませんでしたが、資源のない日本では、観光業は将来有望になると夢を抱いていました。

「観光業界で日本を盛り上げていこう」

そう意気込んで、大学3年生の若かりし時、学生時代の友達や観光会社に勤めている親戚の友人らと、観光会社を創る準備を始めていました。その準備期間はうまくいっていました。新しい産業を創り出す情熱で、毎日が高揚感に満ちていました。

ところが、先見性は良かったと思いますが、仲間の不祥事で観光会社を設立することは断念せざるを得ない結果となってしまいました。

懸命に、着実に準備を進めていた会社設立の夢が、一夜にして砕け散ったのです。

「とりあえず就職するしかない」

会社設立の夢に熱中していた時間が長かったので、あまり大学へは通わず、学業成績はイマイチでした。真剣に勉強していなかったので、「優」の数はさほど多くはありません。それ故に就職活動を始めてから、入社試験を数多く受けましたが、不合格の連続でした。

落とされるたびに、自分の学生生活は一体何のためにあったのかと落ち込んでいました。懸命に働いて大学に行かせてくれた両親にも、申し訳ない気持ちでいっぱいになりました。

そんな時、久しぶりに行った大学の就職掲示板で、とある水産会社の求人情報を見つけました。読売ジャイアンツに入団していた野球選手の船田内野手の出身会社である会社です。

とりあえず応募してみようと、あまり内容を調べもせずに応募し、就職試験を受験したところ、見事に合格することができました。

他の会社が不合格だったからこそ、全く知識のない水産業界に飛び込むことができたのかもしれません。そのおかげで、ほとんどの人が経験することができない、他国の港にも寄らず過酷な海上勤務を経験することができました。母船に乗船して海と船だけの半年間、並びに3カ月間と、無休の漁業勤務を体験することができたのです。

船には陸上生活をしている人には想像できない魅力が沢山あります。その一つに、下船し陸上勤務をしていると、あの過酷な船上生活を経験している時は、早く下船したいと思っていたことが嘘のように、一日も早く、再び船に乗りたいと思ってしまうことです。なぜなんでしょうか、なぜだかわかりませんが、船の不思議な魅力かもしれません。

この経験は、次章以降で詳しくお話していきたいと思います。

第2章

水産会社での貴重な体験

これからお話しする海上経験は、小生の人間形成に大変役に立ち、社会人として、第一歩となった経験です。水産会社への就職は、その後のA社への転職やシンクス創業など、今日まで、「福」をもたらしてくれた一因ですので掲載しました。頭を休める気分で、気軽に読んでいただければ幸いです。

水産会社在職中、半年航海のベーリング航海を2回、厳寒《げんかん》の流氷の中での3カ月航海のカムチャツカ半島での遠洋漁業を計3回経験しましたが、お話するのはベーリング海での勤務経験談です。

ベーリング海の船上勤務を命ぜられる

日本では現在、漁船の大型化やロシア、カナダ、アメリカとの漁業条約で、母船式漁業での出漁はできません。

50年以上前のことで、生まれていない人も多いと思いますが、中年以上の人は、話だけは聞いたことがあるかもしれません。タイムスリップしてみましょう。

1964年は東京オリンピック開催の年で、日本中が歓喜に包まれた年でした。しかし､翌年の1965年は前年の好景気が一転し､昭和40年不況と言われました。オリンピック翌年のいわゆるオリンピック不況年でした。

先述したように、不況の中たまたま受けた水産会社に合格し、社会人生活をスタートすることになりました。

入社式の日、社長より辞令が交付されました。

「貴殿をベーリング海での鵬洋丸船団総務部勤務を命ずる。期間は昭和40年4月1日より10月31日まで」

新入社員の水産学部卒の人達は、もちろん練習船に乗っているので、船は珍しいものではありません。しかし、乗船経験のない小生にとっては、期待よりも不安のほうがまさっていました。

「だいじょうぶかねぇ、ずっと船の上で働くなんて…」

小生は6人兄弟の下から2番目の4男坊です。家族に乗船のことを伝えると、母は息子可愛さあまり涙を流し、大いに心配してくれました。辞令を貰い、出港まで2週間ほどしかありませんでしたが、友達、家族は早速「壮行会」を開いてくれました。

父や他の兄弟は
「経験したくてもできない仕事だよ」

「大変だろうが体に気をつけてしっかりやれよ」

と口々に激励してくれて、久方ぶりに、大家族が1つにまとまった気がしたことを覚えています。

出港、別れの時

今この原稿を書いていると、50年前の別れのシーンが甦ってきます。

時は1965年4月15日、天気晴れ、時刻11時頃。

ドックで修理を終えた母船は、(当時の) 日立造船川崎工場の岸壁に接岸され、今か今かと出航を待っていました。

間もなく船と岸壁を結ぶタラップが取り外され、いよいよ刻一刻と、出港する時間が近づいています。

岸壁で見送ってくれる人は家族、友達、恋人、造船所の人達、会社関係の人たちなど、約４００人程いました。

母は別れの涙を流すことを嫌い、見送りには来てくれませんでした。父と友達の伊藤、熊坂、高田各氏の４人が、忙しいなか時間を割いてわざわざ見送りに来てくれました。

我々だけでなく多くの人達にとっても、それぞれの見送りに来た人達と、もしかしたら二度と会えなくなるかもしれない別れとなります。

その悲しい別れが間もなく始まろうとしています。

岸壁とデッキ、それぞれの見送りの人達と乗組員の間は、何本もの色とりどりのテープで繋がれています。

正に映画でみる出港のシーンです。

列車での別れと違い、船の別れは時間がゆっくりと進むので、別れの寂しさや感動が一段と増幅されます。

汽笛が鳴り響きます。

ボー、ボー、ボー……

別れを惜しむように鳴る汽笛は、胸の奥にずっしりと響いてきます。

船は岸壁からゆっくりと離れて行きます。

「元気でねー」「お父さんがんばってねー」「さようならー」「体に気を付けて」と、色々短い言葉が入り乱れています。

船の汽笛でかき消されながらも、見送る人、見送られる人、双方とも大声を張り上げます。ハンカチや帽子や手に持っている新聞などで、思い切り手を振る人、別れ涙をハンカチで懸命に抑えている人……。

そんなこととはつゆ知らず、船は徐々に岸壁から遠ざかっていきます。

七色のテープが切れない様に、船上にいる人達も、少しずつ船尾に移動して行きました。

陸上で別れを惜しむ見送る人達も、同じ様に岸壁の端に向かって、小走りに駆け寄って来ています。

今までお互いを結び付けていた七色のテープは、船上の人の手と岸壁から見送る人の手のどちらか片方にしかなく、次第にテープだけが、ゆっくりと空になびき始めました。赤、黄、青、ピンク……色とりどりのテープがゆらゆらとして、空中を舞う花火のようです。

もう大方のテープは、お互いを結びつけることができない瞬間となってしまいました。岸壁側の見送る人たちのテープは、海面に落ち、船上の人のテープはしっかりと、手に握られていました。

岸側の手放されたテープは、ゆらりゆらりと海面を漂います。

お互いのテープが切れた後も、岸壁にいる人達は、今度は手に持っているあらゆる物で、懸命に手を振ります。

船の周辺には、海面がどんどん広がっていきます。

もう声も聞こえてきません。姿だけが見えていたはずが、それも米粒にしか見えなくなっていきました。代わりに、人間の別れのシーンを惜しむかのように、１００羽近くあろうか、数えきれない程のカモメが船尾を追ってきます。

船上の人達は、岸壁の人達がまったく見えなくなるまで、誰ひとりとしてデッキから離れませんでした。

かれこれ15分位の別れの儀式はあっという間に終わりを告げ、これから未知の、期待と不安の入り混じった半年間の航海の幕開けです。

まずは一昼夜かけて、三陸の金華山沖を通り太平洋を北上します。

航海の思い出

三陸で、嬉しいことが1つありました。

「おーい！　集まれー！」

不意に、頭の上から声がしました。船の先端、ブリッジと呼ばれる操舵室から船長が皆を呼んでいます。

「緊急事態だろうか……」

緊張しながら操舵室に足を踏み入れてみると、目の前に美しい金華山の姿が飛び込んできました。

宮城県の金華山沖は、世界三大漁場の1つと言われています。親潮と黒潮がぶつかる潮目であり、さらに三陸沿岸から、ミネラルをたっぷり含んだ川の水が流れ込んできます。このような好条件から、豊富な植物プランクトンが発生し、たくさんの海の幸を生み出しているのです。

紺碧の水面と、金華山の美しさにみとれていると、

「操舵をやりたい者は、ここへ」

と、船長が操舵席を指差しました。

「えっ」

と思いましたが、私は真っ先に手を挙げました。

「こんなに大きな船を動かせるなんて！　夢みたいだ！」

握りしめた舵に重さを感じながら、船長の指示に従い、ゆっくり、ゆっくりと船を動かしていきます。航海士が、横で双眼鏡を覗いています。小生の背筋もピンと張り、自然と気持ちが引き締まっていくのを感じました。

あの、眼前に広がる大海面に向かって、巨大な船を動かした経験を、生涯忘れること

はないでしょう。私のこれからの人生の前途を暗示してくれたように感じた瞬間でした。

函館にて

船はいきなりベーリング海に向かうのではありません。一旦、函館に寄港します。なぜか。さらに追加作業員を乗船させるからです。彼らは、主に青森県を中心として東北、北海道から毎年集められた２５０人程の季節労働者です。主に農家の次男坊、三男坊が多くを占めていました。

ぞろぞろと、皆無言で乗船してきます。その後ろ姿を見て、自分が乗船した日のことが再び思い出されます。彼らの家族も、きっと身を案じているに違いありません。

当時の函館は主要な北洋漁業の基地であり母船式蟹工船が４船団そして母船式底引き網船団３船団の７船団が出港する漁業の町で、活気と熱気であふれていました。

母船はまず、アリューシャン列島を横切ります。

アリューシャン列島は、北太平洋に弧状に連なり、アメリカのアラスカ半島から、旧ソビエト連邦のカムチャツカ半島にかけ、約１９００キロにわたって延びる列島で、ベーリング海の南側にあたります。

つまりベーリング海は、東側を米国領のスワード半島とアラスカ半島に、西側を旧ソ連領のカムチャツカ半島とチュクチ半島に囲まれた太平洋最北部の海域です。ここの漁場到着までに約1週間程度かかりますが、独航船は小型なので１０日位かかります。

到着後はスケトウダラ、タラバガニなどの好漁場を求めて、半年間にわたって移動をくり返すのです。

ソ連領とアメリカ領の間に広がるベーリング海

鵬洋丸船団の仕組み

私たちが乗船した母船名は「鵬洋丸」。日本の独立系石油メジャー企業である出光興産のタンカー「日章丸」の二代目を改造した船であり、作家、百田尚樹氏が書いたノンフィクション小説『海賊と呼ばれた男』に出てくる、イランとの初の石油買付を行った船です。奇しくもそれは、1953年に出光興産創業者である出光佐三社長が実行した「日章丸事件」のタンカーだったのです。

鵬洋丸

出光佐三は、神戸高等商業学校（現在の神戸大学経営学部）在学中に、初代校長であった水島銕也と出会い、「士魂商才」の理念を学んだ人物です。「士魂商才」とは、士人の精神と商人の才能を併せ持つことを意味する言葉です。

石油業界によって日本経済を発展させるという目標を掲げながら、出光は小さな石油商店に就職して懸命に働きました。その後、会社を設立します。それが現在の出光興産です。

出光興産は、第二次世界大戦では他の企業と同じように大打撃を受けましたが、終戦後わずか2年で再建を果たしました。

日章丸事件は、このような戦後の混乱期に起こった事件なのです。

その頃、世界最大の石油輸出国であったイランでは、ほとんどの石油資源がイギリス

のアングロ・イラニアン社によって独占されていました。この状況に反発したイランは、アングロ・イラニアン社の資産の国有化を決定しましたが、これに対してイギリスは激怒。中東に軍艦を派遣し、

「イランから石油を購入しようとする船舶を撃沈する」

と宣言したほどでした。

「このままでは、イラン国民の貧窮も収まらない。石油による日本の経済発展も進まない」

と憂慮した出光は、何度も何度もイランと直接交渉を行います。イギリスとの国際問題に発展することも懸念される中、粘り強く交渉を続けました。

そしてついに、イラン側が出光興産との石油取引を受け入れます。日本の小さな民間企業が、イギリス勢にがぜん立ち向かうことになったのです。

出光は秘密裏に日章丸をイランに派遣し、イギリスの包囲網をくぐり抜けて、石油を積んだ日章丸は無事に帰還します。

のちに、この事件は積荷の所有権を巡り、アングロ・イラニアン社が出光興産を提訴

することになりますが、提訴は取り下げられ、出光の勝利に終わりました。

この、歴史的に大きな衝撃を与えた日章丸に、我々は乗船していたのです。

その大きさは、排水量14000トン、魚処理能力1日当たり600トン、フィッシュミール製造1日当たり120トンという、船というよりもまさに巨大な洋上工場です。

母船の役目は、独航船が底引網で獲った原料の魚を、甲板上に陸揚げし、一時積み置き保管し、漁獲した魚の加工工場として機能します。甲板は約1000トン強の魚を積載できます。さらに、独航船に対する食料品や燃料物資を10日毎に補給する役割を担います。

鵬洋丸（船尾から）

母船式底引き網漁法は、母船、仲積船（運搬船）、独航船で構成されています。

仲積船（タンカーや貨物船）は、往路は日本から燃料、生野菜などの食料品、飲料水などを運び、帰路は製造した魚油や冷凍品、フィッシュミールなどや、負傷者、集団生活に不適と判断された、強制送還者を積んで帰ります。したがって、仲積船が内地から物資などを運んで来るので、補給のために米国やカナダの港に入港することはありません。

漁が好調であれば、同じ場所に停泊していますが、不漁の場合は、より好漁場を求めてシフトします。母船に従い直接漁獲を行う独航船は、２７隻。乗組員総数は、約４５０名にもおよびます。独航船は、漁法により以東船２３隻（以東船は東経１３０度以東の日本近海を操業区域とした中型底引網漁船）、以西船４隻（以西底引き網漁業に対応した呼称）で漁を行います。なお以東船は1隻で底引き網を曳き、魚を獲りますが、以西船は2隻で漁をします。

母船乗組員は、船団長、水産庁監督官、船医、看護助手、社員をあわせて５００名となり、独航船とあわせた船団員総数は９５０名という大所帯です。

母船の甲板は豊漁の時には、魚、魚、魚……魚一面で覆われ、その光景はまさに圧巻です。魚はベルトコンベアーに乗せられ、作業員の手で分類されます。

スケソウダラを例に、説明しましょう。

「スケソウダラ」は、スケトウダラ科に属する海水魚で標準和名は「スケトウダラ」。どちらも正しい名称です。主に北太平洋や日本海、オホーツク海など水温の低い海域に分布しており、小魚や甲殻類などの小動物を捕獲して生息しています。切り身は、パサパサして美味しくなく、したがってほとんど売られていません。

スケソウダラの場合、機械で頭、身、皮に捌かれ、白身は、皆さんがご存じの蒲鉾となりすり身の原料として加工、卵はタラコとして販売します。

その他の頭、骨、内臓、皮は、タンパク質が豊富に含まれ魚粉や魚油、水に分離されフィッシュミールとなったり、養殖用のエサになったりして、すべて有効利用され、原則として廃棄されるものはありません。

スケソウダラ以外の魚は、カレイ、タラバ蟹、オヒョウ、ツブ貝なども獲れます。これらは、大きさ毎に冷凍されます。

約950人で船団を組んでいるので、莫大なるコストがかかると同時に、計画した漁獲ができなかった場合、大きなリスクを覚悟しなければなりません。大資本でなければできない漁法です。正に水商売と呼ぶにふさわしいものでした。

過酷な船上生活

船上生活は、乗船した者にしか分からない世界です。

半年間、大勢での集団生活で、遥か遠くベーリング海洋上で、漁船が獲った魚を、毎日毎日ただひたすら作業するのです。女性がいない男だけの殺伐とした世界、皆さん想像できますか。

１９２９年に出版された小林多喜二の小説「蟹工船」にでてくる工船も母船式で、その名の通り、独航船がタラバガニを獲り母船で加工処理し、高価な缶詰として欧米へ輸出していました。この小説に描かれている海上の、限られた閉鎖空間である船内では、一日の労働時間は２０時間以上で、情け知らずの監督者は、労働者たちを人間扱いせず、劣悪で過酷な環境のなかで働かせています。暴力、虐待、過労や病気で倒れていく場面も描かれています。

小生が乗船した時期は、この小説から３０年程後の１９６０年代でしたので、その当時と比べて、労働環境の多くは改善されましたが、しかし作業員の住居用ベッドは３段ベッドで、天井は低く幅も狭く、寝返りするのもやっとのスペースしかありませんでした。

三食および夜食無料で計画達成ごとにお酒も支給されますが、原料がある限り休みはなく、８時間交代のため、１日の労働時間は１２時間にもなります。

また、作業員は作業場と食堂と、寝るのが精一杯のベッドとの、単純な繰り返しの狭い行動範囲でしかないのです。そのため、心の寂しさからくるストレス解消もままならず、溜まったうっ憤を晴らす物や場所もなく、些細なことで仲間同士の喧嘩もエスカレートして、傷害事件に発展することもありました。

世間では板子一枚下は地獄と言われますが、乗船中何度も台風の接近時、時化の時には、船がギシギシきしむ音で「船の鉄板に亀裂が入るのでは」と心配で寝られなかったこともありました。また厳寒《げんかん》のカムチャツカ半島沖では、迫りくる流氷が母船にギシギシと音を立てて接触します。押しつぶされ沈没するかもしれない恐怖にも襲われました。

現在では間違いなくブラック企業であり、大問題になったでしょう。無我夢中で一日一日を過ごしていました。

しかし、メリットもあります。半年間我慢すれば、ほとんどお金はかからないので、家族に給料をまるまる送金できます。航海終了後には、陸上勤務の作業者の賞与より結構な歩合金も受け取れるので、東北地方の出稼ぎ労働者にとっては、まとまったお金をつくれる手段として、願ってもない職場となっていました。

厳しい環境には違いありませんが、原料がなくなり、休みとなっても海の上なので行く所もなく、またテレビ・ラジオも電波は受信できないので、皆と談笑するか、酒を飲むか、読書するしかやることがありません。したがって大部分の人は、酒が何よりの楽しみとなります。

ある時、航海中、日本と同じ母船式漁法を行っている、旧ソ連の母船に遭遇しました。

この船は戦後、日本からソ連への賠償金としてわたされた母船（三菱重工で建造）だそうで当時の最新鋭船です。両国の母船を比較してみると、鵬洋丸が日章丸を改造したのに対して、先方は新造船です。しかも、わが方は一人の女性も乗船していませんが、ソ連母船には女性が乗船しているではありませんか。

かなり接近した時には、ひらひらと手を振っている女性のなかに、若い女性も大勢いたようでした。軽やかで明るい笑い声が聞こえてくるようでした。

船内を見ていないのでハッキリとは分かりませんが、なんと結婚式場も完備されていたそうで、労働環境の違いは歴然でした。

さらに、ベーリング海は荒れる日が多く、波が高い日は、１４０００トンの鵬洋丸も、まるで木の葉でしかありませんでした。台風は日本列島に上陸した後、温帯性低気圧となって、ベーリング海へと向かってきます。良く聞く「台風の墓場」がベーリング海です。

私たちの職場は、その「墓場」だったわけです。

船団総務の仕事

小生の所属する船団総務の仕事を紹介します。いわば何でも屋です。総務の勤務時間は休日なしの１２時間労働。部員は主任と小生ら新入社員２名と、助手の作業員２名の計５名です。実際の労働時間は１６時間を超えることも多々あります。

まずは、船内新聞の発行です。原稿は主に、電信で送られた記事の中から、喜びそうな記事を中心に編集を行います。船上ではテレビはもちろん映りません。ラジオは短波放送が夜間微かに聞こえる程度ですが、感度は良好ではありません。したがって唯一の情報源は、船内新聞です。乗組員は毎日、発行されるのを楽しみにしてくれました。

独航船

次に、独航船への食料配給の仕事があります。１０日毎に米、野菜、食料品、飲料水などの補給をしていました。なお、母船の飲料水は、仲積船から補給されたものと、海水から真水を作っていました。この真水は、入浴場の上がり湯にも使われます。なお湯船の湯は、海水です。さらに、本社との電報連絡、たばこ、下着、石鹸など日用品の船内販売（定期的に月１回）なども行っていました。

そして何よりも辛い仕事がありました。船員の葬儀の立ち合いです。

漁業は危険を伴う仕事です。操業中に数人の死者、行方不明者が出ることも珍しくありませんでした。残念ながら、この航海では2名の方が亡くなりました。

特に海が時化《しけ》ている早朝夜間の暗闇の中での作業のため、独航船は危険と隣り合わせです。甲板が滑りやすく、油断するとすぐに海に落ちてしまいます。

「落ちたぞ！」

その声を聞くと、瞬間的に体の中に冷たい汗が流れるのを感じます。

すぐに気がついた同僚が、船にアスタン（エンジンをバックに入れる）をかけ、スクリューを逆回転させますが、慣性のため船はすぐには止まりません。

特に網を引いている操業中、落ちたと思われる地点に戻るには、20〜30分近くかかるので、荒天時はなおさら命が危険にさらされやすくなります。海水温は夏でも平均12〜13度しかないほど冷たく、しかも乗組員は胸までの黒いカッパを着ているため、夜は特に見つけにくくなります。

当日夜中に発見できない時は、早朝から漁船の操業を止め、全船で底引き網を入れて捜索します。しかし日中すべてかけても発見できない場合は、残念ながら止むなく捜索を打ち切るケースもありました。自然界の中では、我々はただ無力であることを思い知らされました。

船上には診療所があり、総務部員は手術に立ち会うこともしばしばありました。独航船だけでなく母船でも、危険と隣り合わせです。小さい事故から、手や足の切断に至る大きな事故まで、病院は大忙しです。船医１人、助手１人なので、患者が多い時には総務も手伝いました。風邪、腹痛その他病気の患者で、診療所は猫の手も借りたい程、毎日てんてこ舞いでした。船上でのけがや事故、病気は命取りです。重症で、船医が手に負えない時はアメリカ、カナダの沿岸警備艇（コーストガード）に連絡します。

「今日も一日、船員が安全に無事に過ごせますように」

そう願うのが、私の日課となっていました。

船上での娯楽

過酷な船上生活の中にも、皆が心待ちにしていることがありました。内地からの手紙です。我々総務部員が、仲積船が到着すると真っ先に、家族、友達、恋人、飲屋のママさん他からの手紙などを、受け取りに行きます。

母船から吊るされた縄梯子につかまり、15メートル程下の（独航船と母船を行き来する）大発艇まで降りていきます。大発艇はいわゆる馬力ある大型ボートです。

海が穏やかな時は、あまり危険は感じられませんが、海が時化ている時でも、みなが心待ちにしている手紙を取りに行かねばなりません。母船の甲板から籠に乗って降りるのですが、波が高いので、大発艇に乗り移るタイミングが実に難しく、時にはボートや高波に激突することもあります。

小生は経験しませんでしたが、海面に衝突する場面もありました。正に命がけです。今思えば「そんな危険なことよくやったな」とぞっとしますが、その時は無我夢中で乗組員に喜びを届けたい一心でした。一刻も早く待ちに待った、家族などからの手紙を届ける「キューピット」ですから。

また、手紙以外の受け渡しもありました。原則として酒は禁止されていましたが、外見上明らかに分かるもの以外は黙認していたので、作業員達は一斗缶などに入れ、慰問品として家族などに送らせることを知っていました。したがって、外から分からなければ本人に渡します。総務も一斗缶などの中身までは調べることもしないで、大目にみていました。

その他に、不漁や時化で何日も操業できず、原料がなくなった時には船内映画会を開催していました。

上映される映画は、皆さんご存じの「男はつらいよ　フーテンの寅」など笑いを誘うものだけ。６カ月の期間で2回～3回上映します。これも総務部の役目でした。

その時ばかりは皆、船上での厳しく辛い生活を忘れ、腹から笑っていました。

安全のために

倉庫内整理や船内夜間パトロールの仕事もありました。倉庫は主に船のオモテ（前）と艫（後）にあります。普段はほかの仕事があるので、倉庫整理は海が時化で、漁が休みの時や暇な時に行います。時化の時は、母船の横揺れ（ローリング）と縦揺れ（ピッチング)の激しい時が多いため、直ぐ船酔いして、仕事にならないことが多々ありました。

不思議と思われるかもしれませんが、漁船と母船とでは、船の大きさが違うので、揺れ方の大小も違います。独航船員ですら、母船に来ると船酔いする人も結構いました。

母船内には、うっかり滑り落ちてしまいそうな危険箇所はいくらでもあります。暗闇の中、懐中電灯を片手に、毎日しっかりパトロールし、労災事故防止に努めました。

事故だけではなく、作業員同士の喧嘩もよく起こりました。皆、精神的ストレスが溜まっているのです。そのような時、喧嘩の仲裁役も行いました。

海獣の出現

とんでもない生物に出くわしたこともあります。

ある時、独航船の獲った30トンの魚が入っている網をほどくと、トドが網に入っているではありませんか！　北洋では体重約1トン近くのトドに優る動物はなく、我がもの顔でいるので「海のギャング」と呼ばれています。甲板に出たトドは、必死に逃げようとしますが、甲板から海面までの高さは１５メートル程あるため、あまりの高さにそのまま飛び込むのをためらい、暴れ出します。

「どけどけ！　トドだ！」

人間に襲い掛かってくるかもしれないので、船長のみ所持を許されているピストルで、暴れるトドは撃ち殺されました。そのトドの肉を鍋にして食べましたが、肉は固くまずく、皮もアザラシと違って利用価値がありませんでした。

常に危険と隣り合わせの生活の中で、我々総務部員は船員の安全のために尽力しました。乗船経験もない小生が、何とか半年間の船上勤務を、不安がっていたことが嘘のように無事に下船し、稀なる貴重な体験ができたことで、何事にも自信が湧いてきます。

乗船時荒れ狂う風の日もあれば、穏やかな凪の日もある。目先のことに一喜一憂することなく、時代の風に合わせて目

「海のギャング」と呼ばれるトド

標に向かってしっかりと、前を見ることの大切さを改めて実感しました。

北洋漁業の歴史

日本の北洋漁業の歴史を見てみると、1950年頃から、食生活の変化による魚需要の増加や漁獲技術の発展により、沿岸から沖合へ、さらに沖合から遠洋漁業へと、積極的に遠くへ出漁する大型化漁法になりました。

1960年頃は、カムチャツカ半島沖やベーリング海に、何と13船団も出漁していました。我々と同じように船上で働く者たちが、それぐらい多くいたということです。

こうした状況の中、ソ連、カナダ、米国は、日本漁船の進出を規制したため、日本は次第に不利な条約を押し付けられていく羽目になりました。

毎年1月頃から各国と漁業条約交渉が始まります。その交渉は例年難航しました。

交渉場所は条約毎に、相手国と交互に開催され、お互いの魚の資源状態をベースに議論されます。最後は日本の漁獲割当量の削減で政治決着となります。

内容は次のようなものです。
①北太平洋漁業条約
日本、米国、カナダの３国の漁業条約で１９５３年に締結。

サケ、マスの漁獲禁止。他魚種の漁獲は資源に余裕ある範囲で規制されました。
②日ソ漁業条約
ベーリング海とオホーツク海においてサケ、マスの漁獲量を制限した漁業条約で１９５６年締結。

ソ連は自国河川や領海内で産卵したサケ、マスは自国のものといわゆる「母川国主義」の立場でしたから、日本の漁獲割当交渉は紛糾し、毎年量を減らされていきました。

このように日本の母船式漁業は、２００海里法で国際的規制もあり、年毎に厳しくなっていきました。漁獲割当量の減少と、獲らせてもらうその見返りとしての協力費の高騰により、次第に採算が成り立たなくなる運命となっていくのです。

ただ、「恵みの海」と呼ばれたこの海域は、このような制限を行っても現在はカニやサケの総数は激減し、壊滅的状態なのだそうです。自然環境は、人間自身の手で守っていかねばならないと強く思います。

第3章

非鉄金属業界との出会い

A社での新規取組

さて、いよいよシンクス創業の物語のはじまりです。その前に、自慢話に聞こえて申し訳ありませんが、設立の切っかけとなったお話しをしなければ今のシンクスは存在していないので、前に進みません。ご容赦ください。

小生が大手非鉄金属卸売業A社に入社したのは1975年でした。当時の日本経済は第1次オイルショックの影響で、完全失業率は百万人を突破し（不況の深刻化）、興人（戦後最大の倒産負債総額2千億円）、日本熱学工業、三省堂、ミツワ石鹸などの有名企業の倒産が、相次いだ不況の年でした。

31歳の時、朝日新聞の募集広告に「幹部候補募集」の記事が目に留まりました。一番印象に残ったのは、前年度の賞与支給実績がなんと、12カ月支給と書いてあったことです。

「世の中に、こんなに景気の良い会社があるのか」

とびっくりして、採用人数は若干名とありましたが、早速応募したところとんとん拍子で小生のみ採用となりました。

順調に転職できたとは言うものの、３０歳過ぎてからの途中入社は、不安だらけの毎日でした。

入社してアルミ二課に配属され、３年後の人事異動によりユーザー販売部門から同業者販売部門へ移りました。

いわゆる、問屋さん相手の営業部です。

水産会社での仕事内容は、母船乗船時の船団総務、下船してからは資材課、経理課を経験しましたが、営業職は経験していません。営業経験は必須条件と思っていましたが、営業を知らなかったのが逆に良かったのかもしれません。

社長から営業1部転属の辞令を貰った時、

「営業1部の改革を行ってもらいたい。提案があれば、直接持って来なさい」

直属の常務取締役の上司を飛び越え、「直接提案書」を持って来るよう指示されたのです。社長は、これまでの営業方法を一新し、不況時に立ち向かうべく新たな戦略を打ち出していきたいという意気込みでした。

サラリーマン経験をした小生にとっては、このトップからの命令は、驚きと同時に、組織の人間として戸惑いを感じました。皆さんお分かりのように、チームの雰囲気を壊す恐れもあるからです。まずは、直属の上司に報告してから、トップに報告するのが筋であると考えました。

「そのぐらい、不況に立ち向かう覚悟が必要なんだな」

営業部に配属され新たな取り組みを考え始めました。目玉となるような販売戦略を打ち出せないだろうかと。

当時のA社は、大手非鉄金属問屋ではありますが、伸銅品問屋に過ぎませんでした。そこで小生が目をつけたのは、入社早々配属されたことで知った「アルミ」でした。当時アルミについての知識は、飛行機、ビール缶、サッシ、一円硬貨に使われている程度の知識しかありません。軽くて、きれいで、加工し易く、素晴らしい特性を持つアルミ製品は、伸銅品より将来的に必ず伸びると考えました。しかし当時、アルミの月間在庫品販売は、僅か1トン。全く商売になっていない状況で、具体的には快削棒だけの販売しかありませんでした。

「アルミを売り出せば、絶対に当たる」

そういった確信はありましたが、なかなか良い策が思いつきません。販売先が今よりも手軽に、アルミを手にすることができれば、アルミの魅力は伝わっていく。どうすれば販売先に届きやすくなるのか。どうやったら、ユーザーが買いたいと思うようになるのか。

毎日毎日考えていた時、ふと、アイディアを思いつきました。

それは「アルミ板のケース単位からばら売り、枚数売り販売へ」「アルミ小径丸棒の一束販売から本数売り販売へ」と変えることでした。

バラ売りだけではありません。販売単位の変更を皮切りに、アルミの将来性を考え、型材や厚板切断販売など次々に新商品の導入を提案し採用されました。さらに、メーカー既製品に留まらず、お客様目線に立って、プライベートブランド商品を開発しました。

プライベートブランドの開発

小生が企画したのは、フランス・ペシネー社と共同開発した7000系商品名YH75です。そして、ステンレスの将来性にも着目して、JISには認定されていませんが、SUS303の快削性とSUS304の強度を併せ持つ国内唯一のステンレス板、HNS303を日本冶金と共同開発しました。

商品開発だけではありません。販売量を伸ばすためには、まずは部内の環境も良くしていく必要があります。受注方法の改善といった業務改善にも取り組みました。

そして、決して忘れてはいけないのは「相手を知る」こと。相手というのは、同業のライバル会社やお客様を含む、すべての関係者の皆様です。相手があることには、必ず改善点が見いだせると確信していました。ライバル他社の動向分析や社内仕入れ帳簿の分析を行い、お客様へ適宜訪問し、意見、要望、苦情などを拝聴し、改善できることは即対応するよう努めました。

その結果、A社代表として業界団体の会議などにも出席することも多くなり、おかげ様で会社の評判は以前より良くなったとの話を耳にするようになりました。

「お客様にとって不便なことを便利にすることを第一に」

これが私の信念でした。

こうして、しばらくすると、伸銅品に代わり、ついにアルミは月間在庫品販売量が１０００トンを超えました。アルミの在庫品販売の月間販売量は、僅か1トンから、次々にアルミの新品種の導入により、メイン販売商品となっていったのです。

お客様目線の取り組み

大事をなすには、小事を大切にしなければなりません。

第一に、お客様に広く知っていただくためには、覚えやすいキャッチフレーズが必要です。強みの一つである全国に広がるネットワーク網を「イエロー・ストーン(S・T・O・N)ネットワーク」と名付けました。「S・T・O・N」は配達地域の仙台のS・東京のT・大阪のO・名古屋のNの各地域の頭文字です。さらに、お客様とA社との結びつきを実感してもらうために「A社の在庫は皆様の倉庫です」という新しいキャッチフレーズを導入しました。

第二に、A社の名前が一切入っていない「問屋向けカタログ」と、社名を記載したカタログの2種類の発行を開始しました。カタログの下段の余白には、「一口メモの欄」を設け金属の一口知識を記載しました。これがお客様に好評で、金属をより身近に感じていただく第一歩にもなりました。

まさかの出来事・シンクス誕生

人生まさに、いつ何時、何が起こるかわかりません。

そのまさかの出来事について、お話します。

シンクス誕生3年前の1994年春のことです。

戦後初めて、円相場が、1ドル100円を突破した時でした。これを受け、企業は国内工場を海外へと生産シフトが進み始めました。

当時A社は、アルミ、伸銅品、ステンレス、高機能樹脂など、常時数千トンを在庫している国内トップクラスの老舗の非鉄金属在庫問屋でした。主に在庫品を全国の非鉄問屋、特殊鋼問屋、鉄鋼問屋などを中心に販売しており、業績は低迷している時期でした。なので、少し嫌な予感がしていました。

ある日の月例役員会議の中で、社長は次のような方針を突然打ち出したのです。

「これからは、A社から購入した商品から得た各問屋の利益を、A社に帰属させるべく、ユーザーへ直接販売し、利益を増大させる」という内容でした。

「……」

思わず目が点になりました。

各問屋は、多くの商品をA社から購入して、ユーザーへ販売しています。それを、A社は問屋売り販売方法からユーザー直接販売へ、これまでの販売政策を突然１８０度転換する販売方針を発表したのです。

問屋組合では、A社の代表と言われる立場にいたので、業界の仕事も引き受けていました。したがって問屋さんとの関係は、当時、問屋組合役員として積極的に参加していたこともあり、以前と比べて良好な関係を維持していました。

しかし、これからは問屋さん経由でのユーザーへ直送していた取引形態を、根本から変えることになります。即ち、中間マージンを取っていた問屋さんを排除するということです。ユーザーと直取引することで、問屋口銭相当分を、プラスして販売することで利益を、かさ上げできるからでした。

A社は問屋さんが買ってくれなくても、ユーザーが買ってくれれば、理論的には、「売上数量」はプラスマイナスゼロの状態で、何も変わりませんが、最大で問屋さんのマージン分をまるまるその「利益」を増加させることができるのです。

一方問屋さんにとっては、A社から購入してユーザーに販売していた商取引が、直接ユーザーへ販売することにより、完全に排除されることになってしまいます。

確かに価格だけを比較すれば、ユーザーは直接A社から買ったほうが、問屋マージン、中間マージンがなくなる計算で、安価で購入できます。

しかし、価格だけがすべてではありません。

各問屋さんは、ユーザーに対し、それぞれ問屋さん独自の付加価値をつけて、長年にわたり地域密着型で、ユーザー販売をしてきたのです。

それを、ユーザー向け販売とする販売政策の変更は変更すること自体は自由競争の世の中、なんの問題もありません。

問題なのは、A社を信用して、各問屋さんのユーザー名を開示させていたことです。

当時のキャッチフレーズは、次の通りでした。

「A社の在庫品は、問屋さん自身の在庫品です。自身の在庫品としてご利用ください」

「問屋さんに替わってA社はユーザーへ、安心・安全・確実に納入先にお届けします。安心して納入先を、A社にご登録ください」

問屋さんは、販売先名を明かにしたくはないのは当然です。しかし、上述したように、問屋さんは信頼してユーザー名を明らかにし、直送依頼していたのです。

それなのに、なんの断りもなしに問屋さんのユーザーへ直接売り込みをかけ、しかも、販売している問屋さんよりA社から買ったほうが、ユーザーは得するような文面のチラシ広告を同封し、直販を始めたのです。

安心してくださいと、言っておきながら、今までの信頼関係は何だったのでしょうか？

それはおかしいと、商売の片隅にも置けないと、問屋さんがお怒りになることは、小生だけでなく皆さんも感じることと思います。「商売」は、人間対人間、会社対会社との信頼関係の上に成り立つものです。

私は猛抗議をしました。

「このやり方は、問屋さんからの抗議が殺到することになります。これでは、我が社が今まで長きに亘って築いてきた信用は失墜します」

怒りで全身が震えていました。

「失った信頼を取り戻すには、多くの時間と労力を要することになります。目先は利益を享受できるかもしれませんが、長い目で見ればマイナスです！　絶対に、イメージは悪くなってしまいます！」

しかし、他の役員からの賛成、反対の意見はありませんでした。静まり返った会議室に、しばらく沈黙が流れました。

そしてついに、役員会の終わりに、社長から次の言葉で一蹴されてしまったのです。

「勝てば官軍」

勝てば官軍負ければ賊軍。この言葉は、明治維新の際の戊辰戦争である、薩長と幕府軍の戦いから生じたことわざで、皆様も聞いたことがあるかもしれません。たとえ道理に背いても、戦いに勝った者が正義となり、負けた者は不正義となることです。どちらが悪で、どちらが正義かわからないとき、実際の道理とは無関係に「勝った方が正義だ」とする表現です。勝者を褒めたたえる表現というよりも、自分の勝利を正当化するという意味合いが強いです。

勝つためには手段を選ばない、なりふり構わない、道理や体裁にこだわらず、とにかく勝利すればよいということです。

「勝ち」さえすれば何をやっても許されることではありません。

ものごとは勝負によって正邪善悪が決まると言うことですが、こと「商人道」には通用しないと考えます。非鉄業界でのトップ、老舗の驕りではないかと思いました。いくら時代が変わっても、経営者が「会社が儲かりさえすれば何をやっても許される」と誤った考え方を持って、経営している会社が、結果的に不祥事を起こす事例は、枚挙に暇がありません。

世間で言われる不祥事を起こすような会社ではありませんでしたし、この出来事以外は、業界トップクラスの老舗で、素晴らしい会社と思っています……。

この事実を知っている人も少なくなりました。業界トップクラスの老舗で、かつ財務体質も良好で、未上場会社ですから、業績が少し位悪化しても誰からも経営責任を問われることもないのに、なぜトップはその様な考えをするのか全く理解できませんでした。

同族会社では、社長の指示は絶対です。社長の意見が間違っていると思っても、左遷や降格があるかもしれないとおそれ、勇気をもってはっきりと、自分自身の意見を述べられません。

社長や上司の考え方は間違っている、と心の中では反対するけれど、いざ行動するか、我慢するかとなると、やはり葛藤が生じます。家族や自身に降りかかるデメリットを考えたりすると当然かもしれません。

この一件が原因でしょう。取締役会の半年後、厚木に転勤（左遷？）となりました。社長の意見に反対する奴、危険分子に思われたかもしれません。一般にサラリーマンのゴールは役員です。その地位と名誉をいっぺんに棒に振ってしまったわけです。

「俺の人生は終わったかもしれない……」

と、ものすごく落ち込みました。

「あんなこと、言わなければ良かったのか」

後悔の念に駆られましたが、同時に
「言わずに我慢することなんてできたのか？」

と、自分自身の心が叫びます。良かったのか悪かったのか、この時は判断ができませんでした。

設立決断へ

転勤の辞令が交付されたのは、阪神淡路大震災が起こった１９９５年4月1日。１月に発生した震災で、世の中がまだ重苦しい空気を引きずっていた頃でした。

中央支社厚木工場は、神奈川県厚木市にあり、丹沢山系が臨める場所です。ここへ通うには、小田急線本厚木駅からバスに乗り換えねばなりません。東京の自宅から通勤するには不可能でした。

子ども達もまだ学生でしたので、家族同伴での厚木への転勤はできません。必然的に単身赴任ということになります。

正直に言えば、単身生活に対する「興味と不安」との交錯がありました。始めの頃は転勤に対して反発もしていました。会社に対して言いたいことも山のようにありました。しかし、時間が経つにつれ、徐々に転勤も悪くないと思うようになってきたのです。命じられた業務は、営業部門と製造部門である厚木工場の統括です。東部支社長時代は営業を経験していたので営業には慣れていましたが、工場経験は初めてです。大変勉強になりました。

左遷（?）はチャンス。転勤には感謝。

何事にも腐らずに積極的にトライすることの重要さを、改めて思い知らされました。

世間一般では、同族会社の社長に反対意見を述べたなら、普通ならば役員降格人事となる可能性が高いと思いますが、そうならずに転勤人事で収まったのは、小生のA社在職中での幾ばくかの功績が認められたのではとプラスに考えることもできるようになりました。

あの場面で、自身にとってマイナス部分を顧みず、悪を悪とハッキリ言えた小生を誉めてあげたいです。

「やっぱり、俺はまちがっていなかった」

一度限りの人生ですが、皆さんだったら、どの様な行動をするか考えてみてください。今でも、あの会議の日が思い出されます。会議室を出た後でも、手が震えるほど怒りがこみ上げていたのを、はっきり覚えています。

親譲りの一本気な性格のため、このまま在職して表面的には「イエスマン」として取り繕っても、心の中では葛藤し、最終的には耐えられない場面に、遭遇する可能性が強いと思いました。

転勤後、しばらく経って時間的に余裕ができたので、これからの人生について考えました。自分は間違っていなかったと確信を持てましたが、サラリーマン人生が終わったことに変わりはありません。

では、どうするか。これから定年まで、わが人生に悔いなく、どう行動することがベターか、取るべき道は3つに絞られました。

①自我を捨て、信念を曲げて留まるか。

②（一流問屋B社よりスカウトされていたので）転職するか。

③独立して理想の会社を興すか。

この3つの選択肢の中から、時間をかけて熟考した結果、最終的に起業することを決断しました。

それならば、「思い立ったが吉日」「理想の会社・志」を夢みて、自分のやりたいこと、思ったことを実現したいと思いました。まだ机上の概算ではありましたが、かなり成功できる確率が高いと確信し、退職することを決断しました。

しかし、一人だけで、理想の会社を起業することはできません。仲間が必要です。

早速、胸に秘めたる計画を、気心知れた部下であった石坂氏に打診してみました。

「ぜひ、やりましょう！」

そう、力強く答えてくれた石坂氏の声は、忘れられません。

すぐに、次の仲間となる成沢氏、服部氏に打診し、最終的に参画するとの回答を得て、この事業計画をさらに前に進めることにしました。小生の年齢と違って、退職してのリスクは多大ではありますが、彼らは優秀でまだ若く、万が一この事業計画が失敗したとしてもやり直しが可能です。再就職への道はあると考え、新会社設立への参画をお願いしました。

新会社設立に成沢氏、服部氏、石坂氏の各氏のご家族も、後述する小生家族と同様に、反対であったと推測します。改めてこの紙面をお借りし、各氏のご家族の皆様に感謝申し上げます。ありがとうございました。

起業時１９９７年の時代背景

特に男には、一生に幾度か、大事な決断をしなければならない場面が訪れるものです。

小生の今日までの人生を振り返ってみると、数ある決断場面で、自身の努力もさるもののながら同時に、「運」も大いに味方してくれたものと思っています。

人生最後にして「最大の決断場面」であるシンクス設立に関しては、家族をはじめ、友達、先輩、兄弟などなど、大多数の人々から当初は大反対されました。

新会社設立を試みたのは１９９７年。三洋証券、北海道拓殖銀行、山一証券が相次いで経営破綻し、その後も日本長期信用銀行、日本債券信用銀行などが次々と破綻していった年です。

「何もこんな時に……」

日本の経済環境が悪化に転じたこの時期に、会社を設立するのは無謀だと言われました。もう少し、景気が回復してからでも良いのではないか、と周囲から難色を示されました。

また、小生の年齢（５４歳）も壁の一つとなりました。若くない年齢からの挑戦は、失敗した時の取り返しがつくのか。家族との生活にひずみが生じることも、十分に想定ができます。家族や兄弟から、心配されるのも無理はありません。役員に昇格しているにも関わらず、それを投げうってまで始めようとする事業に、誰もが反対しました。

それだけではありません。

事業計画上の必要資金が半端でありません。多額の資金集めが必要です。

さらに、優秀な仲間３人が参画してくれることまでは決まっていたものの、仕入先や支援会社はまだ決まっていません。具体的に運営するための道筋が決まっていないのは、真っ暗な海の中を航海していくような状態でした。

当時の非鉄金属問屋業界を見渡しても、新たに独立開業する人はほとんどいませんでした。独立しようと思っても、できない理由があったからです。

古くから一次問屋はメーカー系列に守られており、二、三次問屋から一次問屋へ昇格することは、ほぼ不可能です。つまり、一次問屋、二次問屋、三次問屋とかなりはっきりと区分されています。したがって、下位に位置していては商品を仕入れることはできても、特別な技術や販売ルートを持っていなければ、必然的に仕入れ価格は高くなり、新規参入しても価格で一次問屋と競争することはできません。

たとえ独立してもブローカー程度としてしか商売ができず妙味が少ないのです。

非鉄業界の一般的な取引条件は、月末締め、翌月末支払いの120日手形が標準です。したがって現金化日数は150日です。さらに販売する商品は、仕入が先行するので、仕入れてから販売代金回収の期間はもっと長くなります。

その他にも購入しなくても、コンピューターや加工機械のリース料、社員の給料、運送料、家賃、諸経費その他がかかります。多額の運転資金が必要な割には口銭は少なく妙味が見当たりません。

それでも「地盤が揺らぎ始めた時がチャンスとなる」という確信が、小生の中にはありました。両親からいただいた、商人たるべきDNAも、逆境の立ち向かう勇気になっていたのかもしれません。世の中が揺らぎ始めた時こそが転換期です。何かを変えようとするならば、絶好のチャンスととらえるべきだと再認識しました。

傍から見れば、無謀とも思われる新会社設立。新しいアイデアで閉鎖的な非鉄金属問屋業界を変革し、一石を投ずる信念が小生の中にはありました。

多くの人々のお力を味方にできれば、大それたピンチもチャンスに変えることが可能であり、今こそ、実現できる絶好の機会到来と考えました。タイミングからして、あと数カ月私の決断が遅れていたら、シンクスは誕生できませんでした。

家族への説得

起業に向けて最も大切なこと、それは周囲への説得です。

小生家族や、参画メンバーとその家族ほか多くの人々へ計り知れないリスクを覚悟させた起業ですから、失敗は許されません。小生のA社での経験や、参画メンバーの英知を結集すれば、この事業計画の成功の確率は十分にあると確信できましたが、メンバー全員にとって人生の大きな賭けとなります。

友人や先輩にも相談したところ、業界でもトップクラスのA社役員をというだけで傍から見ればうらやましいのに、それを投げ捨てる必要があるのかと、何度も聞かれました。

常識的に考えれば、その質問は当然のことかもしれません。

一方、一部の友人からは「君なら成功するよ。やってみれば」と心温まる激励の言葉も貰いました。

自宅を新築したばかりで、数千万円の住宅ローンを抱えながらも、役員としての給料をいただいており生活は安定していました。家族にとっては、経済的には不自由のない生活であったと思います。

定年まではあと6年程しかないにもかかわらず、新会社設立して失敗したら今度は経営者ですから、失業保険はもちろん貰えません。さらにその後の転職は年齢的に一段と難しくなることは、火を見るより明らかです。

ここで少しだけ、わが妻についてお話させていただきます。

26歳の時、妻と結婚しました。妻は幼い頃、母親の実家の隣に住んでいたかわいくて心の優しい活発な元気な女の子で、幼なじみでした。小さい時から気にかけていましたが口にはだせずじまいでした。そんな時、親戚に薦められて縁談がまとまりました。幼い頃は単なる「幼なじみ」であり、成長するにつれて気恥ずかしさもあって、お互いに声を交わすこともありませんでした。ある時、母の実家に行く時にたまたま一緒のバスに乗り、

「ああ、いるな」

と、妻の横顔をちらちらと見るだけでしたが、まさかその１０年後に、一生を共にする伴侶になるとは夢にも思いませんでした。

結婚後は、一男一女をもうけましたが、２０１５年、残念ながら息子は４３歳の時に、すい臓がんで亡くなりました。現在でもすい臓がんは「がんの王様」と言われており、発見は難しく生存率も最も低いと言われています。ある時、余命３カ月と宣告され、家族は呆然となり動揺し目の前が真っ暗となりましたが、息子の子供は誕生して数カ月しか経っていなかったので、父親である息子を一日でも長く生存させることに、あらゆる方法を試しました。宣告より少しは長く生きられましたが、願いは叶いませんでした。私にとっての内孫が生まれてすぐのことでした。

話は変わりますが、夫婦が長く同じ時間を共にしていれば、色々なことが起こります。これからのお話もそうですが、妻は私のようなわがままな夫と一緒に、辛いことを乗り越えてきてくれました。

彼女は所謂「お嬢様育ち」でしたが、周囲に大変気遣いのできる人で、人の気持ちを汲み取るのが上手な人です。私がお世話になった人たちへの感謝の気持ちも決して忘れない誰からも好かれる自慢の妻です。

そんな優しい妻ですが、この起業の話を切り出すのは、なかなか勇気がいることでした。まずは妻の機嫌の良い頃を見計らい、説得を始めました。

同時に家族にも、役員会での社長とのやり取りについて、つぶさに話をしました。

「成功の確率は高いので、若くはないが信念を貫き、理想の会社を興すべく志を持って、A社を退職し部下と起業したいが……」

と切り出したのです。

すると案の定、家族にとって社長との出来事は些細な事であり、まったく理解できないと全員から反対されました。

さらに次のようにも言われました。

「世間では、やり直しが利かないと言われる年齢に達しているのに、お父さんは自分の思ったことをやる。自分は満足かもしれないが、私たち家族はどうなるの！」

この言葉は胸に突き刺さりました。

万が一失敗したら家庭崩壊につながる危険性を、心配してくれているのです。

小生の家族に限らずほとんどの家庭は安全志向です。当たり前のことかもしれません。

それは理解できるのですが「新会社の成功する確率は非常に高く、失敗する確率は非常に低いので、家族には絶対に迷惑をかけない」と話しても、業界事情など何も知らない家族にとっては、我儘にしか伝わらないのです。小生の心境をわかってもらいたいのですが、わかるはずがないことも十分理解できます。

とくに妻にとっては、退職と会社設立は、安定している現在が、敢えて不安定な将来になる不安へと繋がります。

それだけではありません。問題は資金面にありました。

新会社を運営していくには、資本金だけでは経営はできません。設備投資と運転資金に、多額のお金が必要です。もちろん、手元にあるはずはありません。

一つだけ解決策がありました。

銀行からの資金調達です。ただし借入する金額以上の担保物件を提供し、連帯保証人になってもらわなければなりません。このことを妻に説明すると、退職以上に猛反対されました。

　妻には、親から引き継いだ財産がありました。彼女は、先祖から相続した不動産を守っていく責任があります。夫の起業によって所有財産をなくすかもしれないという不安がよぎったのでしょう。なかなか話がかみ合いませんでした。

　小生が厚木から帰宅するたびに、何十回と説得を繰り返しました。結婚以来、こんなにもお互いに議論をしたことはなかったと思います。

「絶対に成功するから」

　そう伝え続けましたが、正直なところ、妻が信用してくれるかどうか不安な気持ちもありました。転勤してしまったことも、元はと言えば小生の発言が原因です。わがままばかりで、家族を振り回しているのかもしれない。それでも私は、こういう生き方しかできないのです。新しい会社を立ち上げ、世の中に可能性を切り拓いていくには、今この時しかチャンスはないと思ったのです。

　家内は、度重なる小生の願いに、つかれ切ったようにも見えました。それでも毎晩、根気よく私の話に耳を傾けてくれました。何日も話し合いを重ねた結果、

「頑張ってね」

と、賛成してくれました。

なんと、妻が所有している土地を担保に入れると言ってくれたのです。

「あなたが一人で抱えるには、荷が重すぎるでしょう」

その言葉を聞いた瞬間、涙が溢れ出ました。胸が熱くなり、言葉になりませんでした。

これまでたくさん苦労をかけてきましたが、妻が愚痴をこぼしたことは一度もありません。小生のことをこんなにも理解してくれる人は、この世にはいません。たとえ夫婦間で衝突しそうな場面があったとしても「結婚する相手を間違えたのかしら」と、笑って冗談にしてしまうような妻です。小生の気質を、十分に分かって言ってくれたのでしょう。

「ありがとう、ありがとう」

何度も妻の手をさすりながら、

「絶対に家族を路頭に迷わせない」

と、固く誓いました。

しかし、家内が担保提供として了解してくれた土地建物、賃貸物件、小生の建物（計時価1億円程度）だけでは、新会社設立の必要資金の担保物件としては、まだ不足していました。

不動産を担保にする場合の物件は、時価の40％前後しか評価してくれません。倒産の危険度が高い新規事業の場合はもっと低くなります。残念ながら、借入調達のための担保物件としては、まだ足りませんでした。

最大の難関

家内の担保提供だけでは、目標金額には遠くおよびませんでした。

あと1億円必要です。

加工設備を持つ新会社資金計画に、多少のリスクも織り込むと、資本金以外の借入金の総額は1億円近くに膨らむ可能性があることが分かりました。

そこで、メンバー4人で資本金としていくら集められるか、リストアップし検討しましたが、頑張って最大集められても、４０００万円がやっとでした。これ以上の資本金の上乗せは目一杯でした。残念ながら、この金額だけでは会社を設立することはできません。

それに、若いメンバーの３人に資本金への出資依頼をお願いしても、新会社の借入金の工面までさせることは酷であると考えました。

裏を返せば、小生一人だけで借入金を工面しなければなりません。

したがって、後は銀行借り入れの申し込みです。

新会社は非鉄業界の第三局を目指すため、最低限の設備と、ある程度の在庫を保有し、経営していくことを目指しています。その資本金とは別に設備資金、運転資金がなければ会社は成りたちません。

１億円近くの借入金調達の目途は、果たして可能なのか？

正直言って気が遠くなる話です。この調達ができなければ新会社の立ち上げはできません。新会社構想の夢は、絵に書いた餅になってしまいます。

当たり前ですが、快く小生のために、多額の担保提供してくれるお人よしな他人様は、この世の中にいるはずはありません。ちなみに小生の新築した住宅は担保提供できますが、住宅ローンの借り入れ金額が担保評価から差し引かれるため、担保価値としては少ししかありません。

当時の民間金融機関や公的金融機関は、担保物件があっても新規開業資金(新規スタートアップの貸し出し)には倒産リスクがあるため、いくら担保価値があるとしても、なかなか長期(10年程度)での借入は難しいとの考えが主流でした。

しかし民間より公的機関のほうが幾分ましではないかと考え、そちらに絞り、開業資金としての借入ができる機関を探していたところ、新規事業を開業する経営者のために国民金融公庫(当時)が貸し出しているコースがあることがわかりました。最高で8000万円近くまで借り入れできます。早速、訪問し、詳しく伺ったところ次の通りでした。

①設備資金および運転資金合計で最大7200万円の借入が可能

②借入期間は、設備資金で10年、運転資金で7年

③新規事業を始めるに従前7年以上の経験があること
④しっかりした事業計画書があること
⑤借入金に対する相応の担保があること
⑥経営者に資質があること

そこで、必要事業資金を最大限度額にするための、担保調達方法の検討に入りました。新規開業の成功確率の低さと規模にもよりますが、新会社が最初から限度一杯借りた場合、途中で資金不足に陥った時、担保価値不足などで追加資金を借りることができないため、倒産するケースが多いとのことでした。

またいくら担保価値があったとしても、新規開業資金の借入となれば、冒頭にお話したように、成功確率は、1千社に3社しかないという現実があります。公的機関といえども倒産リスクを考え、多額な資金の貸付は当然慎重にならざるを得ないものと思います。

ところで、借入れ条件として担保物件を提供した人は、同時に「連帯保証人」にもならなければなりません。小生がまだ小学生の頃、父が知人の連帯保証人になったため、大変な苦労をしたことを聞かされました。そのため母から「親しい人であっても、けして他人の連帯保証人にはなってはダメ」と聞かされていました。

現在でも世間で同じような話が少なくありません。

新しい事業会社に当初から多額の資金を貸し出すので審査はかなり厳しいのです。その資金の出どころは、国民の税金だからです。国には「新規事業の創出」という使命がありますが、貸出資金の焦付きを最小限にするため、審査を厳しくするのはもっともです。

仮に同公庫で「小生の資質」とシンクスの「事業計画」が、借入れ申し込み条件に合致していると判断されても、借入金額に見合う裏付けとなる「担保」がなければ不可能です。また、登記簿の甲区欄に区分所有権、移転登記などの記載があったら、抹消しなければ借入はできません。さらに、乙欄に担保提供があれば、差し引いて査定されます。

険しい道のりであることは間違いありません。

もう万策尽きたかと思い始めたころ、はたと気がついたことがありました。

小生の実家の不動産です。

実家は先祖代々継承されており、現在は分家、柴﨑家3代目が継いでおり、父が既に他界しているので、私を含め母と兄弟6人が共同所有しています。たとえ担保価値があっても、小生以外の６人全員がこの事業計画に賛成し、快く担保に提供してくれなければなりません。

母親、兄弟への説得。これは、最も高いハードルであると分かっていました。

仮に万が一母親が他界した場合には、相続権のある兄弟は、黙っていても資産価値の高い相続財産を受け取ることができるのです。それゆえ、小生の実家の土地建物を資金借入担保物件とすることは、家内への依頼以上の大きな困難となるだろうと、十分に想定することができました。

万が一にも新会社が破綻したときには、先祖代々の共有財産がなくなる不安が一瞬頭をかすめました。

それでも覚悟を決めて、この話を母親、兄弟にしたところ、次のような意見が噴出しました。

「安定している会社に在籍し、しかも役員までなっているのに」

「先祖から引き継いてきた財産を、おまえの夢のためなくす気か」

「この財産はみんなのものである」

「そんな危険を冒してまで、なぜやるのか」

「メリットよりデメリットのほうが多いのではないか」

「本家にどう説明するのか」

「失敗したらどう責任を取るのか」

などの意見が噴出しました。定年は60歳でしたので、54歳という年齢なら、失敗した時の再起は難しく、会社を興すには「遅すぎる」と見なされたかもしれません。完敗でした。そこで作戦を切り替えました。一対一の説得です。


最初のうちは、全員同時に説得にかかっても、当方は小生一人で相手は6人なので、人数が多く、堂々巡りになってしまうことばかりでした。そこで、先方へ伺い、各人毎に事業計画など基本計画をもとに、会社の設立の動機と目的をつぶさに説明し、事業成功の確実性がどのくらいか、資料を作って具体的に相手にも分かるように説明を重ねました。兄弟5人には、それぞれ伴侶がいるため、倍の10人相手の説得になり、時間を要しました。参画してくれる3人の部下の話、賛成してくれた業界重鎮の話、未決定ではありましたが賛成の方向で交渉している大手メーカー住友軽金属（当時）の話もしました。窓口になっていただく大手商社、住金物産（当時）他に、多くの賛同者、応援者がいます。新会社の周囲には、協力者の皆さんがどれだけ多くいるのかを説明しました。さらに、家内も賛同してくれており、小生が運とツキの持ち主であることも強調しました。

そして、非鉄業界や金融機関など世間から信用される証として、7年後に「株式上場」すること。さらに、株主の皆様に対しては3期目から「配当」することを約束事として誓いました。

当初の事業計画と合わせて、この「株式上場」と「創業開始3期目からの配当を実施」の2つを目玉として、兄弟に説得にあたりましたが、この目玉はそれほど兄弟にはインパクトにはなりませんでした。

仕方がない。資金が足りないまま見切り発車をしようかと考えましたが、設立目的には外れるため見切り発車はやめました。

あるとき、母が言いました。

「本当に大丈夫なんだろうね？」

兄弟たちの風向きが変わったのは、母が賛成の意向を示すようになってからです。母親の賛成は、子ども可愛さからたとえ財産を失っても「子どもの夢をかなえさせよう」と願ったからだと思います。

数億円規模の担保提供が各人毎の財産分与に関係するにもかかわらず、また業界事情もわからないにもかかわらず、兄弟は次第に賛成の方向に傾いてくれました。

「ありがとう、絶対成功するから」

と胸が詰まりながら言うのが精一杯で次の言葉が出てきません。

ついに小生以外の兄弟5人全員、伴侶合わせて何と10人が賛成してくれたのです。

現在の世の中でそれぞれが価値ある相続ができるのに、万一、シンクスが返済できない場合には、担保物件を提供することになっても良いという行為は常識では考えられないことです。これは奇跡であり、セレンディピティです。さらに兄弟には出資までもして頂きました。

しかし、まだ問題すべてが解決したわけではありません。油断は禁物です。いざ捺印時、１億円近い「担保提供書」に実印を捺印してくれるか、もしかしたら気が変わってしまうことがありはしないか、不安でなりませんでした。１人でも反対すれば、話は雲散霧消します。

この家族への説得は、お金を借りることの難しさ、尊さ、責任の大きさを身に沁みて感じました。

出資する人にとっては、株式の値上がりを期待することは当然のことです。出資していただいた人達は、この業界のことは、上述の通り無知だったので、株式が値上がりし儲かることよりも、この事業計画の信憑性と小生を信用して貰えるかどうかであることは分かっていました。責任の重大さを痛切に感じました。

最大の難関であった「担保物件の問題」は、小生の実家７人が共有する土地建物不動産全部と、家内の土地建物および小生の建物全部、これら３カ所の物件すべてを充当させることで、国民金融公庫は了解してくれました。

最後に事業計画の確実性と社長面接の審査が残っています。

予想通り、公庫の担当者は難しい顔をしていました。

「当支店では、開業以来今まで、創業時での、借入限度額7200万円の満額貸付はありません」と話していました。

私は、兄弟への説得と同じように、真摯に、熱意を持って説明することを心がけました。シンクスを設立すれば、日本の非鉄金属流通業界は大きく変わります。長年業界が抱えてきた課題を一掃し、改革の一端になることを丁寧に説明させていただきました。

後日、融資の結果が出ました。

合格でした。思わず安堵の息をもらしました。神様が最後まで味方してくれたのです。

第4章

独立起業への準備

仕入れ問題を突破せよ

どこから伝え聞いたのでしょうか。

同業者の間では、我が社の新規参入の動きは大きな話題となっていました。非鉄金属流通業界は、鉄鋼流通業界の流れを汲み、良くも悪くも「問屋制度」が依然として立ちはだかっていました。いくら立派な事業計画でも「仕入れ」ができなければ事業そのものがスタートできません。

人脈を頼りに、次なる重要な課題である仕入れ先の選定を総合的に検討しました。その結果、小生の旧知であるメーカーを住友軽金属工業㈱（当時）、仕入先窓口を住金物産㈱（当時）にお願いすることが、一番ベターであると考えました。会社設立の目的、設立理由、事業計画、資金調達についての現状説明、部下であるA社課長3名が参加することなどを両社に丁寧に説明しました。

小生は問屋組合で、取引委員会の副委員長をながらく仰せ使っていましたので、おかげ様で業界内では名前が知られていました。A社の番頭格の役員が会社設立することのリアクションは、大変大きかったようです。

最終的に結論が出るまでには時間がかかりました。

障害として立ち塞がったのは、住友軽金属工業㈱が出資しているＣ社の存在です。シンクスの業務内容とは大きく異なっていると説明しましたが、Ｃ社から、猛烈なる反対があったからです。したがってシンクスの設立は、単なる材料の仕入れだけに留まらず、住友軽金属工業、Ｃ社両社の経営陣も巻き込んだ案件となりました。

そこに助け船を出してくれた人物がいます。

住友軽金属工業㈱の故遠山部長や川淵課長並びに、残念ながら２０２２年亡くなられた住金物産㈱の牧野部長ほか多くの方々です。

度重なる誠実なる説明と、牧野部長の熱心な働きかけにより、遂に住友軽金属工業㈱専務の了解を得ることができました。

牧野部長におかれましては、投資会議でこのようにご説明をしてくださいました。

「柴崎君は信用できる男です。何かあれば、私が責任を取らせていただきます」

力強くそう言っていただき、胸が熱くなりました。牧野部長のおかげで、危ぶまれた役員会での新会社への出資・窓口の承認もいただき、材料入手の「仕入れ先問題」をようやく、突破することができました。

ご尽力していただいた牧野部長をはじめ、その他の多くの方々に改めて感謝申し上げます。

小生は知りませんでしたが、当時業界ではシンクスの話題沸騰で、その成り行きが大きく注目されてているとのことを、牧野部長よりお聞きしました。

「この業界で新会社設立だなんて、一体何年ぶりの快挙なんだ」

「柴﨑は組合で一緒だったが、いい奴だぞ」

「彼は芯が通ってるからね。彼ならやってくれるさ」

と、噂をしていたそうです。

その話を聞いて多く問屋さんが、シンクスの誕生に期待していることを感じ、是が非でも成功するとの決意を新たにしました。

新会社を稼働させるには、多少の未解決問題を残していましたが、多くの方々のご支援により、これでスタートできる体制が９０％位整いました。

社名の由来　偶然がもたらす幸運・セレンディピティ

お金の他にもう一つ、大切なことがあります。

新会社のネーミングです。

その誕生の経緯をお話しましょう。

地球上のあらゆる生物にとって、太陽はなくてはなりません。太陽がなければ生物は、生きていけません。同様に、当社はお客様に対し太陽のように輝き、世の中になくてはならない会社として、存在しなければなりません。

そこで、英語の「ＳＨＩＮＥ」(太陽の「光る・輝く・照らす」の最後のスペルEを取り、無限の可能性を秘めた「Ｘ」をプラスした造語「ＳＨＩＮＸ」を、社名「シンクス」と命名し、株式会社のコーポレーションを付け加えました。つまりシンクスは「太陽のようになくてはならない無限の可能性を秘めた会社」という意味です。

「あっ！」

奇しくも、ＳＨＩＮＸのスペルを書いて驚きました。新しい会社を興すことに賛同し参画してくれたメンバー、柴崎のS、服部のH、石坂のI、成沢のNと、各氏にぴたりと当てはまったではありませんか。

この偶然は、まさに奇跡としか言いようがありませんでした。最近ではこのような奇跡をセレンディピティというそうです。この事実こそ神様が「シンクスは、世の中に是非とも必要な会社であるからしっかりやりなさい」と激励してくれているメッセージと解釈しました。

その理由は日頃から、ご先祖様や神様に、参拝や礼拝することを習慣化していたからだと思います。守護霊として、ご先祖様が味方してくれているものと確信し、成功に向かって更なる自信と勇気が湧いてきました。

非鉄金属卸売業の実態分析

日本の製造業が、これから世界で通用するトップグループを目指していくには、充分に競争できる環境整備が求められます。

これに反して、材料の供給先である非鉄金属卸売業界に、多々問題があると考えます。この業界が抱える問題点は次の通りです。

①市場ニーズの変化と多様化
時代の変化により、ユーザーの高付加価値追求は強くなり、加工要請も拡大・増大しています。納期、品質、価格に対するニーズも多様化しています。

②ユーザー要請の増大
国内外においてライバルとの競争は激化し、単価値引き、納期短縮、高精度高品質の要求がますます高まっています。

③産業の空洞化
中小製造業は、国内空洞化により、大手生産工場の海外移転の影響も加わって、販売

量の減少・価格の下落、売上の伸び悩みに陥《おちい》り、ライバルとの競争で、さらに収益が低下しています。

④物流問題の顕在化

非鉄金属卸売業においては、燃料費の高留まりの中で、ユーザーから在庫品目、アイテムの増加を要求されて、少量多品種による物流コストアップ問題が顕在化しています。

⑤物流システムの簡素化

昔からの問屋制度により、一次問屋から二次問屋ないし三次問屋へと、材料は流通しています。物流経路の短縮化の必要性は、待ったなしです。

⑥老舗と同族経営の弊害

非鉄金属卸売問屋の新規開業には、多額の資金と信用・経験が必要です。大手、中規模は同族経営の問屋が多数占めていますが、保守的な制度で守られているため、新規参入や独立開業は極めて稀です。このような状況下では、良い意味での企業間競争がありません。マーケット規模も小さいことから、他業種からの新規参入もなく、老舗問屋は「暖簾」というぬるま湯にどっぷり浸かっている状態です。

したがって、新商品、新サービスなどのアイデアはなかなか生まれてきません。さらに、本業において小規模問屋は低収益を余儀なくされていますが、立地条件の良い不動産を所有しているケースが多く、含み資産に守られており、緊迫感がありません。逆に大手・中規模問屋の一部は、高い収益を上げてはいますが、高コスト体質になっていることも事実です。

このような状況の中で、非鉄金属問屋が、この高コスト体質を将来も維持し続けることは不可能です。さらにユーザーニーズを掘り下げてみると、次のような要求事項があることもわかりました。

①価格の適正化

材料は大きな価格変動が少なく、安定した価格でかつ安価に

②適切な材料の助言

使用用途に合った適切な材料のアドバイス

③必要な数量のみの提供

できるだけ材料を手元に置かないで、ジャストインタイムで必要な数量の提供

④精度・品質の適正化

ユーザーが要求する精度・品質での提供

⑤納入先の希望

必要な時に、指定の場所へ配達

つまり「適正な価格で必要な材料を必要な時に、必要な品質で必要な先へ届けてもらい」との要望が、一番望まれていることがわかりました。

この要望に対し、お客様の切なるニーズとしてしっかりと受け止め、自信を持ってこたえできる会社は残念ながら、現状の業界にはありません。

そこで、後述する「４つの機能を併せ持つ複合企業」という全く新しい業態を誕生させることが、ニーズにおこたえできる唯一の方法であるとの結論に至りました。つまり、シンクスが目指す方向は、日本産業分類になく、もちろん非鉄金属卸売業界にもない全く新しい業態、４つの機能を合わせ持つ複合型企業「非鉄金属加工小売業」なのです。

複合型非鉄金属加工小売業の創造

非鉄業界に新たな風を吹き込むことになる、４つの複合型企業について説明します。

①非鉄金属素材小売業としての機能を持つ

非鉄金属卸売問屋は、大きく分けると軽金属問屋・伸銅品問屋・ステンレス問屋・特殊鋼問屋・鋼材問屋とそれぞれにまたがる問屋形態に分類されます。

販売ターゲットが決まっていないので、商品はそれぞれの問屋の標準的な範囲で、在庫として取り置かれ、販売量によってその数が左右されます。

一方で、多品種化になりがちです。多業種のニーズに一応は対応できても、販売戦略とマッチしていないため、低回転在庫を抱え込み、保管経費、在庫金利などの高コスト経営となっています。

その原因は、買い手の立場ではなく、売り手都合の品揃え・在庫品販売を行っていることに起因していると考えられます。シンクスは特定分野の必要不可欠な、材料および加工品の用途（切削）に絞り、非鉄金属のみに囚われず、軽合金・伸銅品・ステンレス・樹脂・特殊鋼・鉄と幅広く展開していきます。必要不可欠な在庫アイテムで在庫のミニマム化を図り、ターゲットを絞った販売活動を行います。

つまり、切削加工に絞って、顧客ニーズに沿った在庫の機能を持った小売業を目指していこうということです。

②非鉄金属加工業としての機能を持つ

多くの金属問屋は、高付加価値を追求して、加工品への取り組みを強化していますが、生産管理・品質管理・生産技術レベルなどは低いといえます。加工設備としては高価な汎用機を一部使わねばならず、加工ノウハウ自体も少なく、その取り組みを強化すればするほど、設備費、管理費などの増大を招いて高コスト状態に陥ってしまいます。つまり利益率の低い、付加価値追求型となっているのです。

シンクスが提供する加工は、お客様がＮＣ加工機で加工する前工程として、必ず発生するものです。

しかも、社内加工したがらない高精度・高品質・短納期でのブランク加工を目指すため、工程・方法は同一な加工も、顧客にとっては手間のかかる単品加工であっても、それを多数集約することで当社にとっては工程方法が同一な加工となり、量産効果を生みます。

また、専用機を独自に開発、ニーズに合った機能を持った加工業を目指します。

③非鉄金属のコンサルタント機能を持つ

現在は提案型営業の必要性が叫ばれていますが、同業者の大多数は、レベルの低い標準的な材料販売の範疇から脱出できていません。したがって、人的つながりによる商売に頼って、材料に関する知識はあっても、顧客側の加工および製品知識の欠如により、提案営業ができていないのが実情です。

シンクスは自社の加工機能とリンクさせ、材料特性を利用したコスト低減などのVA・VE提案型営業により、単なる御用聞き営業ではなく、コンサルタント機能を備えた営業活動を展開していきます。

④ロジスティクス機能を持つ

昨今、注文品を迅速に配達するのはもちろんのこと、その配達時間短縮までも、重要な要素となっています。さらに小口化の傾向が強く、また直送依頼などで配達件数の増大と便の台数の増加は避けられず、積載効率も悪化しています。さらに、チャーター便の増加により、運賃が固定化し高コスト体質に陥っています。路線便や宅配便の利用は、現場人員の増加や納期対応が、不確実性によるコスト増となります。そこでシンクスは、運賃の大半を変動費化し、配達件数増大にも対応できるロジスティクス機能を展開します。

シンクスは、ユーザーニーズと直結し、非鉄金属卸売業界にとって新たなる商品提供などで、以上４つの機能を併せ持つ非鉄金属加工小売業の新しい企業形態を創造します。世界と日本の両方で、業界に新風を吹き込むことができると考えます。

非鉄業界に現存している旧態の商慣習をぶっ壊し、新しい機能を持った非鉄金属加工小売業の誕生です。これらの機能を併せ持ち、会社の芯となる企業理念を基本とした経営を推し進めることで、他社と差別化し、更なる強みを発揮するのは明らかです。

次に、その企業理念についてお話しします。

お客様とは

シンクスは販売先はもちろん、仕入先、納入先、社員、銀行、協力会社、運送会社、新規売り込み会社、清掃員等、シンクスに関係する全ての人を「お客様」と定義しています。この全ての方たちが幸せになることが、当社の理念です。

ユーザー（消費者）が満足すること、シンクスで働く全ての従業員が満足すること、メーカーなどの取引先が満足すること、これは全て同順位です。どれか1つを犠牲にしては、この理念は実現できません。全ての人が「お客様」だからです。

飛び込みで来社してこられる人に対しても、まずはお話を聞きます。もちろんお断りする結果になることもありますが、会う前から突き放すことはしません。

従業員の待遇面に関しても、上場企業並みの待遇にすること。1分単位で残業代をつけ、2回の賞与の他に、業績が良ければ決算賞与も出します。

販売先のお客様に高品質な製品とご満足いただけるサービスを提供することが、私たちのやりがい、生きがいへと繋がります。つまり、ユーザー満足と社員満足は一体であるということです。

私たちが行っていることは、世の中で1つの歯車でしかないかもしれません。しかし、シンクスが手掛ける製品がなかったら、世の中が回らなくなってしまうのです。これは、逆に考えれば、私たちのしている小さな働きが、世の中を変えるきっかけとなり得るということです。世の中に役立つために、金属を通じて価値を提供できるということです。

経営理念

新しい企業形態のシンクスには、従業員、お客様、関係取引先等、シンクスに関わる全ての人が幸せになるための経営理念が必要です。

お客様に喜んで買っていただくことで、お客様＝買い手、シンクス＝売り手、双方にとって得する商いをしたいとする企業精神で、シンクスはお客様にとって、なくてならない存在となるべく、会社の骨格となる経営理念を次のように定めました。

お客様の心と信頼を大切に、金属を通じて新しい価値と便益を創造し お客様と社会に貢献する

時代がどんなに変化しても「商いの本質」である人間の心は、昔も今も変わりません。「商い」は「人間対人間」そのものと考えます。

会社は人との繋がりを大切にし、社会に貢献しなければ、存在意義はありません。シンクスの存在価値と経営目的は、上述した通りお客様と社会に貢献することです。その手段として、会社を継続できるよう最大利潤を追求することは、間違いではありません。

しかし、会社目的として最大利潤のみを挙げる事は間違いであると考えています。日本では今も昔も、不祥事案件が多数繰り返されています。中身を調べてみると、会社目的を「利潤の追求」に求めているので、社会貢献は二の次になっているようです。

くり返しますが、会社の存在目的は社会に貢献することです。そのために、企業理念を中心とする経営が必須であり、シンクスは社員のやりがい・生きがいを共有してこそ

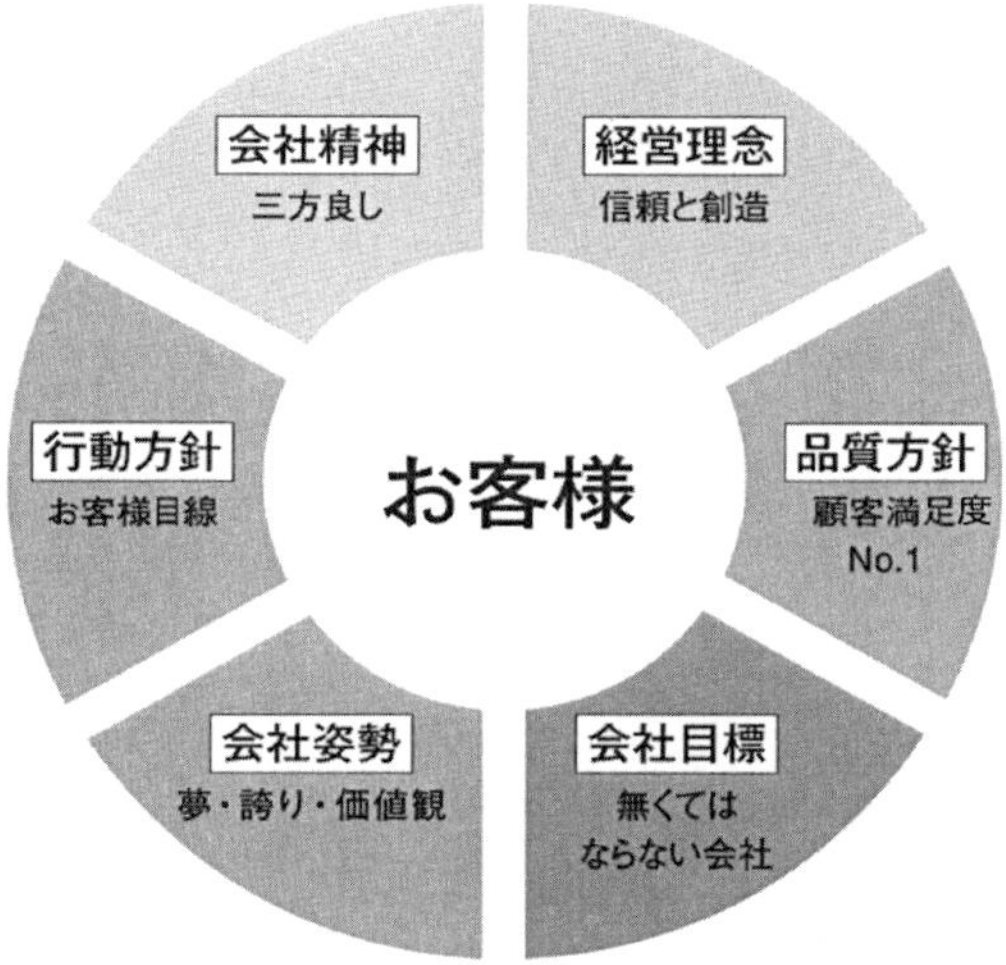

お客様への６つの約束

お客様と社会に貢献することができると考え、これこそが、他社にない当社独自の強みです。

お客様への６つの約束

以上のように、シンクスの経営哲学を実践するために、私たちはお客様への６つの約束を提言します。

①経営理念……信頼と創造

私たちは、お客様の心と信頼を大切に、金属を通じて新しい価値と便益を創造し、お客様と社会に貢献します。

②会社精神……三方良し
私たちは、売り手だけが得する一方通行ではなく、買い手・売り手・社会それぞれが良しとする三方良しの精神で商いをします。
③行動方針……お客様目線
私たちは、常にお客様の立場・目線で考え行動します。
④会社姿勢……夢と誇り
私たちは、健全な持続的成長を目指すため、事業をお客様から学び、社員一人一人が生きがいとやりがいを見出すことができるような職場環境を創ります。
⑤会社目標……無くてはならない会社
私たちは、地域社会と共存し、存在価値のある、無くてはならない会社（魅力ある会

社）を目指します。

⑥品質方針……顧客満足度Ｎｏ．１

私たちは、日々「安定した品質」に努め、他者の追随を許さない「顧客満足度Ｎｏ．１」を目指します。

この６つの約束を実現するには、シンクスが定義する「お客様」を常に頭に入れておくこと、さらになくてはならない無限の可能性を秘めた会社になることを忘れてはいけません。上述した４つの機能を合わせ持つ、日本唯一の複合型小売業となるのです。

また、会社目的として、利潤追求のみを考えてはなりません。すなわち、経営の目的と手段を取り違えてはならないということです。Ａ社のように、目先の利潤ばかり追い求めて、これまで築いてきた信頼関係を裏切るようなことはしてはなりません。商売は「人間対人間」の信頼関係から成り立っています。「先義後利」の精神をしっかりと心に刻んでおく必要があります。

さらに、会社は社員と「夢」を共有し、「社会に貢献すること」を目的として、利益を上げていきます。

ここで言う利益とは、額面も大事ですが、その利益をどのようにして稼いだのか、また利益をどのように使うかという「利益の価値」を重要視する必要があります。利益を世の中に循環させるために、経常利益の1％を社会還元することを約束します。

第5章

経営基本計画

シンクスが新規参入するにあたり、様々な方面から分析を行いました。その結果を踏まえ、シンクス独自のサービスを軸に、お客様に求められる経営計画を立てました。

お客様に対するサービス提供

当社が販売する商品に、お客様に対し次のようなサービスを付加させます。

①加工要請の高まりに対応するべく、在庫品販売における付加加工品販売の比率を、８０％以上にもっていきます。

②ローコスト経営に徹し、適正かつ安定価格で販売します。

③一部の加工品を除き、原則として当日１７時３０分までの注文品は、業界一の納期対応となる翌日配達を実現します。

④販売する加工品は、ユーザーが自社加工したがらない一次加工の分野を中心に、積極的に取り組んでいきます。

⑤商品は、一部独自開発の機械による加工で、高精度・高品質を保証します。

販売品目

当社の販売品目は次の通りです。

①在庫品販売

a．５２Ｓ板　b．１７Ｓ板　c．高精度板

アルミ板の中で販売量はこの３品種で、マーケット市場の４０％を占める商品です。

d．５６Ｓ丸棒　e．１７Ｓ丸棒

アルミ棒の中で販売量はこの2品種で、マーケット市場の５０％を占める商品です。
f．ＳＵＳ３０４板　g．ＳＵＳ３０３板
ステンレス板のこの２品種でマーケット市場の６０％を占めます。

②手配品販売
ユーザーニーズに応じて、仕入れ先の協力のもとに、全ての非鉄金属素材を取扱品目として加工販売します。

③将来の展開
経営の足元が固まり次第、品名、寸法点数を増強し、最終的には非鉄金属および樹脂素材などの総合加工小売業を目指します。

加工機能

開業時の加工品販売品目は自社加工が主体ですが、お客様のニーズに応じた外注加工も行います。自社加工では、板や棒の切断加工をはじめ板の面削精度加工、板の円形・リング・異形板の加工、棒の旋盤加工、その他の加工も請け負います。外注加工では、ユーザーニーズに応じて外注先の協力のもと、全ての非鉄金属素材の加工を取り扱います。

さらに、スタート時の自社加工は、板棒の切断販売と板の面精度加工に絞り、１年後には板の円形・リング・異形の導入を目指します。

販売方法

販売コストを極力低く維持するため、顧客層に応じて2つの販売方法をとります。受注業務についてはＦＡＸ受注を主体とし､将来的にはＯＣＲの導入を検討します。また、外販営業員によるＰＲおよびコンサルティング営業を行います。また、ユーザー向け販売については訪問販売で、流通業者向け販売についてはカタログ販売で行います。

顧客ターゲットについては、当初は面識があり、かつ即効性のある流通業者に販売を展開し、一段落した後は、中規模以上のユーザーへ直販します。但し販売先は、与信管理上、有力先に絞ります。

販売エリアとデリヴァリー

デリヴァリー方法については、運賃の固定費化を極力避け、低コストでの運用を期するため、首都圏では異業種との共同配送を活用し、地方都市および販売密度の濃いエリアでは、当社の優位性を維持するため、定期配達便を運行します。また、路線便・宅配便も必要に応じて活用します。

スタート時には、生産・販売拠点となる本社・工場を神奈川県内に設置することと、次の販売方法の実現を目標に掲げます。

①東京・神奈川・埼玉地区は共同配送・定期配達便

②静岡・浜松地区は定期配達便
③山梨・長野地区は、定期配達便および路線便
④その他地区は路線便

３年後には、名古屋以西への販売については、営業所・工場を関西拠点に設置し、現地拠点で対応することを目標にします。

マーケットの将来性について考えてみると、シンクスが扱うアルミやステンレス材料は、アルミ合金の諸特性（軽量性・リサイクル性・加工性の良さなど）およびステンレスの諸特性（耐食性など）を併せ持つ故に、鉄に代わる金属素材として、将来的にますます大きな可能性を備えています。

この基本計画に沿い、加工技術の改良・用途開発を今後行なっていくことで、マーケット規模は、現在の１・２～１・５倍に拡大する可能性は大きいと見込んでいます。

第6章

シンクス社史　～創業から現在までの歩み～

本社工場座間で創業

話をシンクス創業時に戻しましょう。

1997年4月の操業開始に向けて、本社工場をどこに設置するかは、将来のシンクスにとって大変重要なことでした。条件として挙げられたことは、厚木市近辺で、社員が通勤しやすい場所であること、遠距離輸送のため高速道路インターに近いこと、できるだけ周囲に民家が少ないこと、また家賃は安く、工場面積は100坪強は確保したいということでした。これら条件に全て当てはまる物件となると、そう簡単には見つかりそうにありません。

それでも根気よく探していると、ある特殊鋼問屋の元工場で、場所は厚木の隣の座間市、建屋面積約150坪、さらにクレーンを備えた物件が見つかりました。

「うん、なかなかいいぞ」

そこで、この物件を創業地とすることに決めました。住宅と工場が混在する地域で、地目は準工業地域です。

この人に聞く

「信頼と創造」を経営理念に

3年後には年商10億円

シンクスコーポレーション社長
柴崎　安弘氏

白銅を退社後、先月一日、新たに軽圧品問屋「シンクスコーポレーション」を設立した柴崎安弘社長は、「信頼と創造」を経営理念に、二十一日から営業を開始した。同社が設立にこぎつけるまでの道のりは、さまざまな逆風のなか、決して平坦なものではなかったようだ。柴崎氏自ら私財をなげうっての同社旗揚げ。そして住金物産の協力を背景に、同社の体制を整えてきた。今後の方針としては「三年後に年商十億円」という目標を掲げるとともに、「経常利益の一％を社会貢献に配分」など、従来の問屋経営に見られなかった発想で、業界に新風を巻き起こす可能性もあり、今後の動きが注目される。そこで、柴崎社長に会社設立までの経緯や概要、中・長期的な戦略・ビジョンなどについて聞いた。

――まずは同社設立までの経緯からうかがいたい。

柴崎　二月二十日付で白銅を退社し、新たに会社を設立することになった。今後は「お金（利益）より顧客の信用第一」とする営業方針のもと、新会社を作り頑張ることになった。幸い、住金物産の支援をいただけるということで協力を仰ぎ、仕入れ面をお願いすることになった。

――資本金四千万円の内訳は。

柴崎　私が六百万円出資し、住金物産が五百万円、三人の取締役が三百万円ずつ出しています。その他は業界に関係のない個人株主です。

――経営に当たっての基本的な方針は。

柴崎　「人の心と信頼を大切にし、金属を通してお客様に価値と便益を創造する提案型企業」となることを目指しています。また、「会社＝一つの人格」という観点から、経常利益の一％は社会貢献に回し、地域に根ざした企業を目指したい。

――これ以外にも新たな手法・取り組みをされるようですが。

柴崎　新会社は四つの機能、ということを掲げています。①「非鉄金属の小売」②「加工業」③「非鉄金属のコンサルタント」④「ロジスティック（物流）」機能です。「非鉄金属の小売」は、キャラメルの箱一箱を売るのではなく、一個でも販売する、多品種少量対応型の小売業的発想。「加工業」としての機能は、高品質の加工を提供すること。「コンサルタント」機能は、顧客へ切削など素材・加工の情報を提供。「ロジスティック」は物流の効率化を果たす機能です。

――具体的な営業、販売の取り組みについては。

柴崎　アルミの切板や丸棒の加工・販売をメーンに、ステンレスも扱っていく。伸銅品は、注文があればそれに対応していくつもりです。「高い品質と短納期での対応」がうちの基本。品質面ではかなり精度の高い加工が可能で、納期面でも従来とは違うやり方で配送を行う。また、受注の受け付けが午後五時まではなく、五時半まで対応できることも特徴の一つ。在庫については、何でもかんでも一通り揃える、というやり方は取らない。

――主な販売先としては。

柴崎　当面は問屋さん向けの店売りを中心に、ユーザー向けにも力を入れる。ただ、あくまでも問屋さんとの共存共栄が基本だ。そこから外れることはない。

――輸入材など、材料面の品揃えは。

柴崎　当面は国内材をメーンに扱っていく。今のところ輸入材の扱いはないが、今後改めて考えていきたい。

――営業面での具体的な目標はどうでしょうか。

柴崎　三年後に年商十億円、というのがとりあえずの目標。中・長期的な計画も、頭のなかでは考えている。ただ、とにかく今はまだ「たまごっち」のような会社なので、目標というより皆さんにどれだけ育ててもらえるか、ということが一番重要なことだと思っています。

――東京軽商会（全国軽商会）入会の予定は。

柴崎　今すぐ入る、ということは考えていない。皆さんの推薦があれば、その時点で入会を検討していきたい。

【会社概要】
▽本社＝神奈川県座間市ひばりが丘五―五四五八―一
▽電話＝〇四六二―（五七）―七〇〇一
▽ＦＡＸ＝〇四六二―（五七）―七〇四〇
▽資本金＝四千万円

【柴崎社長プロフィル】
昭和十七年生まれ。五十四歳。昭和四十年、立教大学経済学部卒業。同年、北洋水産（現ホウスイ）入社。昭和四十九年、白銅入社。取締役中部支社長などを歴任。平成九年四月、シンクスコーポレーションを設立し、同社社長に就任。

1997年4月25日発行 日刊産業新聞

ただし、一つだけ少し気になる点がありました。西側は工場なので問題はありませんでしたが、東側には5軒の住宅が隣接しているのです。間隔は僅か1メートル位しかありません。

当時の非鉄流通業界では、お客様からの注文締め切り時間は、17時が普通でした。しかし、それでは問屋さんの営業マンが、外販活動から17時頃、会社に戻ってから注文するとなると、どうしても間に合わないケースが生じてしまいます。その帰社時間を考慮して、業界初の「17時半までのご注文は翌日配達を約束すること」を打ち出しました。ちなみに同業他社が次々に追随し、締め切り時間を18時にする会社が多くなりましたが、当社は変更せず、今日に至っています。なぜなら、シンクスは社員が在社していれば、お客様のご要望に何時でも対応できる体制が整っているからです。そのおかげで、ゼロからの出発でしたが、お客様に次第に受け入れられ、注文が入るようになりました。

近隣の人達は、騒音をある程度は心配していたようでした。案の定、注文量の漸増により、夜遅くまでの操業によるクレーンの音や、アルミ切断音の「キーン」という高い音、コンプレッサー音などで、近隣住民からの苦情は日増しに強くなってきました。ある日、自治会の代表者数名が、工場を訪れました。嫌な予感は的中しました。

「２０時以降、機械を動かす事はやめてもらいたい」

「赤ん坊が眠れないので、夜間はもちろん、昼間でも騒音を出さないでほしい」

自治会の他の方たちからも、次々に苦情や要求が寄せられました。

逆の立場にいても、もっともな要求なので、十分理解できるものです。そのため、シンクスは、できるだけ早く引っ越すこと、また２２時までに作業を終わらせるよう努めること、騒音を出さないように個々の作業に十分注意するということを、誠意をもって約束することが精いっぱいでした。

しかしながら、商いが少しずつ膨らみが出始め、操業時間が延びるにつれ、次第にその約束を順守することができなくなり、近隣住民に謝りにいく回数が、徐々に増えることになりました。

そこで、いくつかの対応策を考えました。
①加工機械の追加導入

②夜間操業の停止
③防音装置の設置
④工場の移転
加工機械の追加導入は、工場が狭すぎて不可能です。夜間操業の停止は、シンクスが商売をやめることと同じです。防音装置の設置は、倉庫仕様なので難しい。そうなると、工場の移転しか、最善策は見つかりませんでした。

操業開始からまだ1年も経っていないので、もちろん金銭的な余裕などありません。仕方なく暗澹たる気持ちで、次の移転先の物件を探し始めました。

相模原へ移転するも、再び騒音問題

頭を抱えながら新たな移転先を探していると、相模原市上溝の物件を紹介されました。昼間に現地調査したところ、現在の座間工場の倍近い、約３００坪の面積があり、建物は座間と同じような倉庫仕様ですが、これからの受注拡大には十分対応できそうである

シンクス・

業務拡大で事務所移転

4月30日、5月1日休業

シンクスコーポレーション（代表取締役・柴崎安弘氏）は業務の拡大に伴い、事務所を移転する。このため4月30日（木）、5月1日（金）を臨時休業日とし、同6日（水）から新事務所で業務を開始する。

　同社は平成9年4月、アルミニウム、ステンレス、神銅品などの販売、および切断・切削加工を目的に設立。今回の移転により4月28日（火）注文分は30日の配達、ただしフライス品およびステン切板は5月7日（木）の配達となる。6日注文分からは通常通りとなる。

　新住所などは次の通り。

▽住所＝〒229―1123神奈川県相模原市上溝三九五八―一

▽電話番号＝〇四二七―六〇―八四九四

▽FAX番号＝〇四二七―六〇―八四九七

1998年4月15日発行 鉄鋼新聞

感触を得ました。

「住宅地はどこにあるんだ？」

「工場の裏手に7軒程の住宅があります。両隣は工場と会社ですので、昼間の騒音の問題はないかと思われます」

不動産屋の担当者が言うように、物件は国道129号線の側道にも面しており、昼間はもともと車の往来が激しい場所でした。そのため、車の騒音によってある程度うち消され、座間工場の時より苦情は少ないのではないかと判断しました。

立地の点においても、座間と上溝は車で30分程度の距離なので、社員の通勤時間から考えても不便とはならない場所です。

月間家賃は倍以上となりますが、現在のような調子で受注が拡大していけば、資金繰りに大きな負担とはならないと考えました。

「よし、ここでやろう」

以上のように総合的に判断し、1998年5月、創業僅か1年で創業地の座間から、相模原のキャタピラー三菱の斜め前、相模原市上溝に移転することにしました。これからは受注拡大が期待できるものと、胸を膨らませました。

しかしながら、またもや予想に反した事態に直面しました。近隣住民から、

「夜間は機械を動かさないでくれ」

と苦情を受けたのです。私は愕然としました。夜間になると、裏手の住宅地は表通りの騒音が嘘のように静かになることに気づいていませんでした。その後も夜間操業による近隣住民からの苦情が絶えず、座間と同じように再び大きな問題へと発展しました。

シンクスを取り巻いている住宅は全部で7軒あり、その中で最も激怒していたのは1軒の老夫婦宅でした。何を言っても聞く耳を持ってもらえず、夜間作業は駄目、騒音をだしたら出ていけの一点張りでした。

「昼間だけの調査データだけで、夜間の現場調査を怠ったためだ」

と、深く反省しました。経営者としての詰めの甘さがありました。

そもそも上溝本社工場は、創業地の座間同様、元は工場仕様ではなく、倉庫として建てられていました。そのため外壁はもちろん防音対策もなく、騒音は天井や土台の隙間から筒抜けとなり、隙間から漏れ「低周波振動」となって、地面を伝わり近隣に影響を

及ぼしていたのです。

座間での経験から、できるだけ丁寧に、近隣住民へ謝罪や独自でできる対策について説明を行いました。また、工場に来ていただき、会社の実情と改善策を見ていただきました。夜間操業はできるだけ20時までに終わらせ、できないときには必ず連絡することをお約束しました。盆暮れには手土産を持って、謝罪に伺うことも励行しました。

こうした誠意ある対応を続けた結果、当社に理解を示してくださる住民の方々が増えていきましたが、最後まで例の老夫婦のお宅には納得していただけませんでした。

「このまま、老夫婦のお宅に迷惑をかけて、お怒りが続いたら一体どうなるのだろう」

ご心労が溜まり、シンクスが原因でご体調を悪くするかもしれません。

「もう、残された策はあと1つか……」

それは、相模原から住民に迷惑のかからない工業専用地域に、再び移転先を探すことでした。

最大の経営の危機

先述したように、創業開始から僅か1年足らずで、騒音問題解消と受注拡大を予想して、ここ相模原に移転しました。工場面積が2倍と広くなり、お客さまからの注文加工量の増加を見込み、加工機の増設や現場社員の増員を行った結果、経費は大幅増となりましたが、お客様満足度は向上し、採算的には満足できるはずと見込んでいました。しかし残念ながら、計画通りにはいきませんでした。

創業した１９９７年の日本経済は、バブル崩壊による後遺症で「戦後最悪の不況年」と言われていました。北海道拓殖銀行の倒産、山一証券の自主廃業など、これまで経験したことがない、都市銀行や大手証券会社の金融・証券機関の破綻が起こったのもこの年です。

その様な景況感のさなか、橋本内閣は、何と消費税を３％から５％に引き上げたのです。不況期の消費税の引き上げは、国内景気をさらに悪化させるだけでした。

シンクスは、そんな最悪の不況の中での船出でしたが、創業初年度は僅かながら黒字決算でした。

ところが、です。近隣騒音問題で相模原へ移転した創業2年目は、予想したお客様からの注文が全く伸びないという事態に直面しました。残念ながら、移転の経費増を補えずに、1998年5月から12月までの連続8か月間、月間経常赤字が続き、累積赤字額は何と2500万円にも達してしまいました。

「ああ……更に赤字が続けばだめかもしれない」

初めての倒産危機でした。全身鳥肌が立ち、青ざめました。

社員には言えませんが、流石に創業2年目で、連続して経常赤字が5カ月を超えてくると、

「一体いつまで赤字が続くのだろう」

「いつになったら止まるのだろう」

と、成功を信じながらも、頭の中に不安が去来し、胃の痛みと食欲不振などで、眠れない夜が続きました。

「嵐が止めば、やがて晴れた素晴らしい日が、必ずやってくる……」

自信を失いかけた自分に、そう言い聞かせました。しかし、なかなか不安は立ち去りません。神様に一刻も早く「夜明けが来る」ように一生懸命お祈りしたりもしました。

この時、不況時の社長の孤独さ、苦しさを経験しました。

そこで考えた末、非常事態宣言を出すことにしました。この危機的状況を、全社員に持ってもらい、理解してもらいたいという想いからでした。

「社員を絶対に守らねばならない」

社員は本当によく頑張ってくれました。全社一丸となり、必死の努力の甲斐あってか、国内景気も味方してくれて、徐々に回復の兆しが見えてきました。赤字に転落して９か月目の翌年の１９９９年1月のことでした。待ちに待った、長い暗闇のトンネルから抜け出し、月間収支は黒字に転換し、ようやく赤字基調に歯止めが掛かり、ホッと胸をなでおろすことができました。

年が明けた2月、３月と連続して経常黒字になりましたが、８か月連続の赤字額は大きく、更に悪いことも重なるもので、貸し倒れも発生しました。それでも、年間赤字額を完全に解消するまでには至らなかったものの、１０００万円程は改善できました。

そしてこの回復を契機に、伸びつつある受注増に対応するため、2000年9月に相模原市田名に「第二工場」を開設しました。ステンレスの加工専門で150坪の小さな貸工場でした。近隣住民に対する騒音および夜間作業の削減と、アルミ板受注拡大のため、作業の分散を図ることが目的でしたが、それでも受注件数の拡大を賄いきれませんでした。しかし、シンクスの誠実なる対応策に接して、住民の方々は徐々に好意的になって来たように感じられましたが、受注件数は変わらず拡大を続け、わずかしか騒音は減らなかったため、それは一時的なものにすぎませんでした。

念願の「神奈川県内陸工業団地」に本社工場誕生

工場立地における、2度もの失敗。3回目は失敗したくありません。よくよく考えた末の結論が「工業専用地域」への移転です。今までの貴重な経験から、近隣住民の皆様にご迷惑をかけずに、会社を発展させていくには、これしかない、という結論に達しました。

しかし、理想の工業専用地域を近隣で見つけることは容易ではありません。仮に見つかったとしても、先立つお金は、ありません。

思い悩んでいた頃、メガバンクみずほ銀行が弊社と取引を切望して、熱心に来社するようになりました。それまでは横浜銀行をメインバンクとして、東京三菱ＵＦＪ銀行の2行と取引しており、シンクスの事業規模からして、３つ目の銀行とは正直なところ、取引開始する必要はありませんでした。

しかし、みずほ銀行の営業であるＤさんは熱心でした。何度も来社し、お互いに情報交換をするようになりました。Ｄさんは気持ちよくお話ができる方で、こちらの話にも熱心に耳を傾けてくれました。お互い心が打ち解けたある時、創業開始から現在に至るまで、近隣住民からの騒音や夜間操業に対する苦情が絶えないので、開発予定地ないし工業専用地などを探していると、相談してみました。

「それならおまかせください」

Ｄさんは迅速でした。私の頼みを聞いてすぐに、良さそうな候補物件を、満面の笑みで提示してくれました。なんと紹介してくれた物件は、Ａ社在職中から知っている場所にありました。東名厚木ＩＣと相模原愛川ＩＣに近く、知名度が高い、神奈川県内陸の工業団地でした。灯台下暗しでした。

これぞ、探し求めていた物件です。想像以上と言って良いでしょう。理想の物件です。

「広い、すごい！」

この物件を下見に行くなり、こう叫んでしまいました。更地なので邪魔するものが何一つなく、ボールを遠投しても、もちろん届かないくらいの広さでありました。野球ができるくらいの広大な土地に、ただただ圧倒されるばかりでした。

この内陸工業団地は旧陸軍飛行場跡地で、面積は広大なため、行政区分は厚木市および愛川町にまたがり、立地企業数は約１４０社、面積は２３４万㎡、東京ドーム５０個分の広大な国内有数の工業団地です。高台にあり水害に強く、地盤は固いため「引く手あまたの」工業団地です。

この物件を購入できれば、近隣住民に迷惑をかけることなく、騒音や稼働時間を、全く気にしないで２４時間作業できます。当時上溝の本社工場から車で２０分位の所であり、社員も移転に伴う退職もしないで、通勤にも支障がありません。内陸工業団地に工場を持っている会社は、信用がある会社であると、金融機関も評していました。

「誰にも文句を言われない、こんな素晴らしい、広大なところに工場ができたらどんなに幸せなことだろう」

考えただけでも、胸がわくわくしてきました。

この土地の所有者は、アメリカ系の潤滑油の製造会社です。更地になる前は、２つの研究棟があり、居ぬきで売却を希望していたそうですが、当時は景気もあまり良くなく、建物付きでは売却できなかったので、建物を取り壊して更地にしての売却希望だそうです。

「でも、こんな条件の良い土地を、簡単に売ってもらえるだろうか。交渉は難航しないだろうか」

次第に心配になってきました。そこで、まずは「買いたい」と意思表示をしました。当初、先方の希望売却単価は高めでした。しかし、私たちが買入れ希望を入れるまで、なかなか買い手が現れなかったので、交渉を重ねることにより、当社有利に交渉を進めることができそうという手応えをつかみました。

しばらくして、先方から回答がありました。

「万が一、土地購入資金を借入できなかった場合は、土地売買契約を破棄する停止条件付契約で、シンクスの希望をのんでも良い」

とのことでした。価格も当方の希望額に近くまで、先方は譲歩してくれました。あとは何としても、長期にわたって借入できる金融機関を探すだけです。

既存の銀行に相談したところ、当該物件以外の担保物件も必要とのこと、そして借入期間の最長は10年間、仮に10年以上でOKとなった場合でも、固定金利はアップする、とのことでした。

概算見積りで、土地代および工場建設には5億円の資金が必要です。総額5億円前後の借入で、借入期間10年で完済する場合、その間、平均して景気が良いとは限らず、何が起こるか予想できません。

「なんとか条件の良い借入ができないものだろうか……」

そう思案している時、幸運にも願ってもない融資制度が見つかりました。

神奈川県に「神奈川県産業立地促進融資制度」という工場の移転や新設で、該当物件

シンクス社本社工場外観

を担保に、１５年の長期にわたる借入資金に対し、一部利息補助も受けられる制度があったのです。早速、神奈川県庁に出向いて話を伺い、応募することにしました。

審査の結果は、おかげさまで見事合格でした。最終的には、土地の購入と工場建設合わせて総額６億円強まで膨らみました。一部は自己資金で補いましたが、土地代および本社工場建設資金の大部分は、１５年という長期にわたる借入期間で、メインバンクである横浜銀行、三菱東京ＵＦＪ銀行、そして新たに物件を紹介してくれた、みずほ銀行の３行のご協力で借り入れることができました。そして２００４年5月、ついに待ちに待った念願の自社設計の、使い勝手の良い本社工場を建

非鉄流通ファイル【63】

シンクスコーポレーション

年商30億円をめざす

工場移転で第2の創業へ

柴崎社長

▽会社概要

シンクスコーポレーション（柴崎安弘社長）は、アルミニウムとステンレスの切断加工販売を目的に、97年4月に設立された。これまでの歩みについて柴崎社長は、「売上高などについては当初の目標以上」と、おおむね順調にきたという認識を示す。同社では、「お客様との心と信頼を大切に金属を通じて新しい価値と便益を創造し社会に貢献する」ことをテーマに、神奈川県座間市で創業し、事業の拡大を受け、現在の相模原市に工場・本社を移転した。工場は、アルミ板切断・加工の第一工場（本社工場）と、アルミ丸棒・ステンレスを扱う第2工場にそれぞれ分かれた形で行っている。機械設備としては、アルミ切断機9台、コンターマシン1台、フライス加工機10台、バンドソー切断機7台を有し、幅広い顧客ニーズに応える態勢を整える。扱い品種は、アルミが90%以上に達し、残りをステンレスで占める。販売先としては、問屋売りが半数をやや上回る程度だ。

なお、同社従業員の平均年齢は、約28歳と会社同様若いが、およそ150社に上る顧客へのきめ細かい対応に力を入れる。

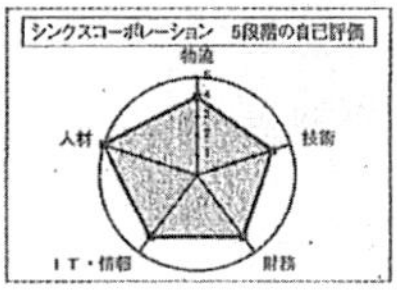

▽特色

同社のポリシーとしては、高品質な商品（QUALITY）を迅速（SPEEDY）かつ適正な価格（REASONABLE）で提供することを掲げている。

品質面では、①求めるサイズに加工、②作業意識の確立、③ニーズの把握、④メンテナンスの徹底を通じ、クオリティの高さを保つ。納期対応については、①加工作業時間の大幅短縮、②顧客本位の配送スケジュール、③超特急納品にも対応、を図ることで、厳しい短納期ニーズに応えていく。適正価格構築に関しては、①在庫アイテムの絞込み、②1枚・1本からの受注、③コンサルティングの実施、④販売システム構築により、品質と価格のバランスをとることにしている。

▽今後の経営

事業規模が拡大し、現在の工場が手狭になっていることもあって、来年4月後半からの大型連休中に神奈川県内陸工業団地（愛甲郡愛川町）へ移転する。これに関し柴崎社長は、「来年は第2の創業と位置付け、原点に返って努力したい」と、新本社・工場での事業展開に意欲を見せる。

現状は年商20億円程度だが、「5年以内に30億円くらいいきたい」としている。ただし、「いたずらに会社をどんどん大きくしようとは思っていない。品質やスピードなど、このジャンルでオンリーワンをめざしたい」との考えだ。当初は株式公開を視野に入れていたが、当面は3期目から継続している配当を安定的に行うことを大切にするとともに、顧客満足度の向上などを重視していく。また、将来的には、ISOの取得やインターネットを活用した取引なども検討していく考えだ。

（大倉　浩行）

アルミ板を加工する本社工場（第一工場）

会社概要

▽本　社＝神奈川県相模原市上溝3958－1
▽☎＝042－760－8494（代表）
▽資本金＝4000万円
▽従業員＝43人

2003年10月22日発行 日刊産業新聞

設することができました。

早くも工業団地に第二工場建設

こうして、広大な土地に建設した本社工場は、シンクスの新たな出航地となりました。お客様のご支援や全社員一丸となっての努力、そして「品質と短納期」の差別化で時流を掴み、受注量は好調に推移することができました。この先１０年間位は、この本社工場で十分にやっていけると考えておりましたが、この広大な本社工場でも、早くも手狭状態に陥ることが心配されました。それぐらい業績好調だったわけです。そこで再び工場物件探しを始めねばなりませんでした。

本社２階の応接室で、お客様の接客をしている時のことです。以前はあまり気にもしていませんでしたが、東側の窓から「Ｅ社厚木工場」と書かれた看板が、やけに目に入るではありませんか。工場にしては、社員の数は数人程度しか出入りしていない様子で、通勤用の車が数台しかありません。

「看板は工場とあるが、実態は倉庫なのではないか……」

早速、該当する会社を調査した結果、本社は東京にあり、業歴は長く、内陸工業団地に古くからおられ、業務内容は水処理機械装置メーカーとのことでした。推測通り工場ではなかったので、もしかしたら

「用地取得を希望していると申し入れれば、話に乗ってくるかもしれない」

と思い、万に一つの希望を持って申し入れたところ、資金的に困った様子も見受けられず、あっさりと断られてしまいました。仕方なく、物件探しを続行しましたが、残念ながら、当社の希望と合致する物件は、でてきませんでした。

その後も、お客様の来社があるたびに、応接室で着席して応対していると、右手の方角に良く見えるが閑散としており、人の出入りの少ない工場の光景が否応なく目に入ります。

「何とかして購入できないものか……」

断られてから1年半程経った頃、経済環境が良くなり不動産市場が上向き始め、団地内の坪当り売買価格が、2年前よりかなり上昇している状況でした。

したがって、売主にとっては、以前の時より価格面でかなりプラスの状況でしたので、再度、買い入れ希望を打診してみました。

しばらくすると、今度は先方から「こちらが提示した価格で良ければ売りましょう」という回答がありました。ただし、価格は一切値引きせず、また「停止条件付条項」付売買もしないという条件でした。

「やったぞ！」

なんと、先方はあれほど売らないと言っていたのですが、今度は提示している価格なら売っても良いとの返事だったのです。

「停止条件付売買はしない」というのは、売買契約後、シンクスは買入れ資金として金融機関から調達できるかどうかにかかわらず、この土地の購入を「止めることはできない」条件ということです。調達ができなければ、契約違反となり、売り主に損害賠償を払わなければなりません。

土地代金を、先方の提示価格で計算すると、面積は本社工場の半分以下ですが、本社工場面積以上の購入資金が必要でした。

当時のシンクスは内陸工業団地に、土地購入と本社工場を建てたばかりで、多額の借金がまだ残っていました。毎月の返済は正直大変でしたが、受注の方はおかげ様で好調に推移していました。世間では「隣の土地は借金してでも買え」と言われる通り、まさにシンクスにとっては、価格以上の価値があり、喉から手が出るほどの物件だったのです。

とはいえ、今は好景気ですが、当社の製品の需要先は、半導体および液晶の製造装置関連が多く、先行きについて長期で考えると、本社工場を建設した時と同じように不安が残ります。上述したように、本社工場の建設資金の大部分は公的借入で賄い、借入期間は15年の長期です。仮に今度の土地購入費と工場建設資金を、民間金融機関から借り入れるとなると、借入期間は最長でも10年と短くなります。

「民間か公的借入かどちらにすべきか」

経営幹部の皆に意見を聞くと、最長10年の借入は返済期間が短く、かつ多額で、これまでの借り入れ返済と重なるため、好不調の波が激しいシンクスにとっては、将来返済に窮するリスクが大きいのではないかとのことでした。

しかし、将来的にもお客様のニーズにお答えするには、多少のリスクはあっても購入したいと考えました。

そこで、公的機関からの借入について調べましたが、以前利用させていただいた「神奈川県産業立地促進融資」以外には他にありませんでした。

「同じ制度を２度も利用することは……」

と、不安が過ぎりました。

ですが、売主に「買うかどうか」の返事をできるだけ早く回答するため、早速神奈川県庁に出向しました。当社の事情を詳しくお話したところ、またも幸運なことに、この制度はまだ継続しており、「事業計画」が適正であれば２度目でも申込みは可能とのことでした。前回同様、合格する可能性は高いと見込んでいましたが、万一審査不合格の場合を想定し、民間金融機関からの借入もできるよう準備しておきました。

それでも、安心はできません。すぐ役員会に諮り、この土地の買入れについて議論をしました。

「これは確かに高い買い物ではありますが、我が社にとって必要な買い物です」

反論されるのを覚悟で、私は熱弁しました。

「確かに、将来の景気を予測することはできません。販売先の半導体、液晶も好不調の波が激しいので、長期の業績予測をすることは難しい状態です。でも、シンクスの信頼は着実に積み上げられています。お客様からの受注も増え続けています。このままでいくと、本社工場だけではお客様に満足していただくことはできなくなってしまう」

役員達は、最初は渋い表情を見せていましたが、次第に空気が変わってくるのを感じました。

「短期的に見れば、業績は順調に推移していくでしょう。最終的に何とか返済することは可能です。そして何より、この物件は本社の隣の土地に匹敵する好物件であり、このような物件が今後でてくる可能性は低いと思われます」

最後に、

「今がチャンスだ！」

と力強く言いきると、役員達は賛成の意向を示してくれました。全員の魂が一つになったような感動を覚えました。

その熱意が伝わったからでしょうか。おかげ様で、２度目の挑戦となる公的借り入れ審査に、見事合格できました。

最終的に、不動産市場は売り手市場のため、不本意ながら先方の言い値での契約を余儀なくされましたが、将来の我が社の成長に是非とも必要であると判断し、リスクを負って決断しました。社長の責任の重大さを、身に沁みて感じることとなりました。

今振り返ってみると、運にも味方してもらい、一度あっさり断られたにもかかわらず諦めずに、再チャレンジしたことが、良い方向に転じたのだと思います。

物件は「第二工場」と命名。本社工場の半分程度の面積でしたが、土地代などの高騰によりこの建設費用は、総額7億円強となってしまいました。そのうち、６億円弱を借入金で賄うことになりました。

したがって、２００４年竣工の本社工場と、２００７年竣工の第二工場合わせた長期借入金総額は、年商５０億円程のシンクスにとって、何と2割に相当する１０億円近くに膨らんでしまったのです。

しかしながら、２００４年に念願の本社工場を建設して、僅か3年後の２００７年に、

シンクス社第二工場外観

本社工場真向いに第二工場まで竣工することができたのは、快挙に違いありません。

「ありがとう。お客様を大事にしてくれて、シンクスを信じてくれたみんなのおかげだ」

言葉にならず、ただただ感無量でした。さらに、ツキと幸運を与えてくれた「神様」にも、深く感謝しています。

2回目の試練

これにより、騒音対策、受注増対策の2つの経営課題はクリアできました。

ですが、ほっとしたのもつかの間、シンクスに2回目の試練が訪れました。

それは2008年9月に起こった米国の大手投資銀行＝リーマンブラザーズの経営破綻、いわゆる「リーマンショック」です。それは米国の住宅バブルの崩壊で証券化した商品が値崩《ねくず》れし、金融機関の信用不安が引き金となり投資銀行リーマンブラザーズが経営破綻し、そこから連鎖的に世界金融危機が発生したことです。

瞬く間に全世界に広がり、世界経済は大混乱となりました。日本でも株価の暴落、受注の激減、在庫品の山積など、猛烈な景気後退が起こりました。

シンクスの業績もみるみるうちに下がりました。リーマンの経営破綻の2か月後の11月頃から月を追う毎に、売上高は減少し、前年同月比、何とマイナス70％まで落ちてしまいました。これでは経営は、到底成り立ちません。結局、1回目の試練となった連続経常赤字月間数の8カ月を上回り、2008年12月から2009年の8月までの連続9カ月経常利益が赤字となってしまいました。

しかし、です。ここで1回目の試練が活きました。

この2回目の試練はかなりの痛手でしたが、創業から13年程たち、会社には体力が徐々についてきていました。加えて、全社員の努力と、いざという時に備えて毎年保険金を積立していたことが役に立ちました。

世界同時不況のため、世間では景気回復するには、3年以上かかると言われていましたが、その保険金の取り崩しにより、9ヵ月連続月間経常赤字にもかかわらず、年間業績は、何と黒字の2100万円で終わることができました。

この2回の経営試練を経験できたことで、世の中いつ何時、何が起こるか分かりませんが、素早く対応できるように心して、常に準備しておかなければならないことを学びました。

それ以降、主要ユーザーである半導体製造装置メーカーに数年間隔で訪れる、半導体シリコンサイクルによる好不況もありましたが、先述の2つの危機を除いては、おかげ様でそれ程大きな混乱に巻き込まれず、概ね順調に推移できています。

また、この試練を乗り越えた後、嬉しいことがありました。

神奈川県内で、独自のビジネスモデルや経営手法で実績を上げている事業家を表彰する制度「きらりチャレンジャー大賞」というのがあります。

2008年には、家電量販店のノジマの野島社長が、審査委員長を務めておられまし

きらりチャレンジャー大賞授賞式

た。そこに思いもよらず、ノミネートされたのです。それだけでも驚きましたが、決勝に進出、さらには決勝に残った10社の中からなんと大賞に選ばれました。栄えあるこの賞を受賞できたことは、青天の霹靂でした。

　さらに、当時の松沢成文神奈川県知事より表彰され、「神奈川新聞」に掲載。その模様は「神奈川テレビ」にも放映されました。この受賞により、少しはシンクスコーポレーションの名前を世の中に覚えていただけたと思っています。

　この受賞は、社長1人だけではなく、社員全員の努力によって成し遂げられたと思っています。そこで、受賞記念として、海老名のホテルで社員、お世話になった人、株主、銀行、社員メー

柴﨑さん 渡邉さんに大賞

独自のビジネスモデルや経営手法で実績を上げるなど活躍している神奈川県内の事業家を表彰する第4回「かながわ〝キラリ〟チャレンジャー大賞」の表彰式が2月10日、横浜市中区の横浜シンポジアで開催された。大賞には一般部門からシンクスコーポレーションの柴﨑安弘さんとスタートアップ部門からイスマンジェイの渡邉敏幸さんが選ばれた。敢闘賞（財団法人起業家支援財団賞）は、一般部門からワールドウイングの野口隆史さんとスタートアップ部門からアイスリーの石井正一さんに贈られた。また、富士シティオ・スリーエフの菊池瑞穂会長が、〝成功のコツ〟を特別講演した。

「かながわ〝キラリ〟チャレンジャー大賞」の受賞者たち

2008年3月5日発行 神奈川新聞

カーなどお客様と一緒に、受賞記念慰労祝賀会を開催しました。

「柴﨑君、よくやったね。すごいじゃないか」

「本当におめでとうございます。これからのシンクスのご発展がますます楽しみです」

などたくさんのお祝いの言葉をいただきました。

多くの皆さんに支えられ応援していただいたこと、心より感謝申し上げます。

私は本当に幸せ者です。

大株主現れる

資産も少なく業歴も浅い当社が、一刻も早く対外的に信用を得るには、すでに信用力のある会社、つまり銀行や大手メーカーに出資していただくことが、一番の近道と考えました。

しかし、銀行や大手メーカーに出資を依頼しても、まだ業歴も浅く、断られることは目に見えています。

仮に出資可能となってもメリット、デメリットを考えると、特に経営に関与される不安があったので、断念したほうが得策との結論に至りました。

そこで一計を案じました。設立当初、出資者候補にリストアップしていた国の政策実施機関で、政府系ベンチャーキャピタルの東京中小企業投資育成㈱様に、株主になっていただくための可否審査をお願いしたのです。実際に出資してもらえる額は依頼した半分ぐらいと予測し、思い切って３０００万円の高額出資要請をしました。

同社の厳しい審査基準に基づき、書類審査、財務内容審査、将来性、社長の資質などについて、社長面接を3日間にわたって審査を受けました。期待と緊張の中で今か今かと待ちました。

しばらくして見事審査に合格。出資希望金額は満額の３０００万円に決定との通知をいただきました。ちょうど創業7年目だったので、難関を突破した気分でした。やったー！

このような多額な出資をしていただけたのは、小生とシンクスを信頼し、将来性を高く評価していただいた証であると実感しました。それと同時に、期待と責任の重さも、改めて痛感しました。

その結果、シンクスの弱点であった業歴が浅く、自己資金が少ないという弱点を、次第に克服することができました。

また、出資を契機に、銀行をはじめ、仕入れ先、販売先、新規売り込み先など世間から信用できる会社と認知され、金銭や物以上の、最高の無形なる、目には見えない大きな信用を得ることができました。シンクスのその後の新たな事業展開を行う上で、その信用の有難さを、身をもって実感することができました。

株式の非公開化決定

出資とは、資本金を増やすことです。それには株式公開という手があります。そこで株式公開のメリットおよびデメリットを役員会で十分議論し、様々なリスクを予想しました。

その結果、最大のリスクは、株式を買い占められる危険が多分にあり、乗っ取られる可能性も十分予想されることです。さらに、株価は変動するため、それを気にしながらの短期的な視点での経営に陥りやすくもなります。また、年間約７０００~８０００万円程の上場維持費用が掛るのに加え、３か月毎に情報開示することが義務付けられます。そのため、ＩＲ部署を設置しなければならず、余計な間接人員や費用がかかります。

この業界の市場規模はそれ程大きくなく、次々と販売品目を生産加工するための工場建設し全国展開するわけでないので、多額な資金調達はあまり必要ありませんでした。

一方で、メリットもあります。マーケットからの資金調達が容易になり、資金借入や社債発行などが有利となります。したがって、借入の利息も安いと想定されます。また、株式自体の値上がりであるキャピタルゲインを享受でき、優秀な新規の人材も集まりやすくなって、世間からの信用もより得られるようになります。また社員および経営陣にとっても、上場会社のプライドを持つことができるでしょう。

ですが、現在のシンクスでは、上場会社と比べて見ても、資金調達面でそれ程劣ることもありませんし、借入金利も上場会社並みと予想されます。

日本の上場会社は約3千社あり、一部上場している会社の中にでさえ、名前すら知らない会社は山ほどあります。信用ある東京投資育成㈱が２０１４年３月末現在４０％弱の株式を保有する大株主になっていただいているので、上場しているのと同程度、世間での信用を得ていると思われます。

現在のシンクス経営基盤はしっかりしており、株主も安定しているということです。日本には１００年以上続いている会社は2万社以上存在していますが、ほとんどが非上場会社であり、こんなケースは世界でも稀だそうです。

故にシンクスが、これから１００年企業を目指し、未来永劫に存続するためには、上述したように、上場するメリットよりデメリットのほうが多いと思われます。

さらに付け加えると、日本では企業の９０％以上が中小企業であるため、中小企業に留まっているほうが、税制面など有利に働きます。国の中小企業に対する特典を大いに利用させてもらうほうが、シンクスおよび社員にとってプラスであると判断し、よくよく考えた上で株式公開は断念することにしました。

一方、株主の皆様の中には、公開を期待していた方々もいらっしゃったので、配当重視の経営をすることで了解していただきました。

主な需要先は、景気のアップダウンの激しい半導体、液晶業界であるため、たいへん苦しかった時期もあり、決して順風満帆ではありませんでした。しかし、お客様のご支援と全社員の努力で、２回の経営危機を乗り越え、１９９９年第３期から２０２４年度の第２７期まで、２５期連続配当実施継続中です。第２５期年商は売上高１６０億円を突破しました。次なる目標は２００億円を目指して頑張ります！

ちなみに、当社程度の企業規模で、２５年にわたって連続配当する企業は、ほとんどないそうです。

創業から多くの人たちのご支援、ご協力と、社員全員の努力も相まって、シンクスが愛される企業として、今日まで存在していることに、深く感謝します。そして、これからも宜しくお願いいいたします。どうぞ当社にご期待ください。

工業団地に3つ目の第三工場建設

その後の主な出来事について、お話しします。

２０１２年４月には本社以外に初めて西日本をカバーすべく、大阪市西淀川区中島工業団地に「関西工場」と「関西営業所」を構えることができました。

翌年、２０１５年には本社「第二工場」のすぐ近くに、内陸工業団地内３カ所目の、品種別専門の「第三工場」を竣工できました。したがって、内陸工業団地にある３カ所の工場は、本社工場はアルミ板専用工場に、第二工場はステンレス専門工場、第三工場はアルミ丸棒・伸銅品板加工工場という役割分担ができました。知名度のある憧れの内陸工業団地に、３ヶ所の自社加工工場を構えることができたことは夢のようです。

シンクスコーポレーション

アルミ ステンレス 大阪で切削加工

来年４月 納期対応を強化

シンクスコーポレーション（本社＝神奈川県愛甲郡、柴崎安弘社長）は来年４月から大阪でアルミ・ステンレスの切削加工業務を開始する。既存建屋を使用し、フライス加工などを手掛ける。投資額は数千万円規模になるとみられる。製品を短納期で安定的に供給できる体制を構築し、関西の需要家に貢献する。

大阪市西淀川区の中島工業団地内にある既存の建屋を活用。フライス加工機などを導入して、２０１２年４月ごろから、アルミ・ステンレス材の切断加工を開始する予定。

シンクスコーポレーションは、流通向けに特化した金属の切削加工サービス企業。流通からの注文を受けてアルミ・ステンレスなどを切断加工やフライス加工し、流通の客先に配送する。一品一仕様の注文にも対応するほか、チャーターした自社便と路線便を使い分けて、可能な限り客先の希望する納期に間に合わせるように努めてきた。

ただ、関西については距離があるため、半導体・液晶製造装置分野の客先が求める短納期に、どう対応するかが課題となっていた。

大阪での加工開始によって納期対応を徹底でき、流通や納入先のニーズにきめ細かく対応できる体制が可能になる。同社では「（関東や東海地区で実践してきたのと同様に）関西でも顧客との信頼関係を構築していきたい」としている。

2011年12月21日発行 日刊産業新聞

それもまた、シンクスの理念である信頼と創造を基本とし、
・業界一安心で安定した高品質
・業界一の短納期
・業界一の対応力

のQSRを全社一丸となって日々尽力した賜物と考えます。これからも慢心することなく創意と工夫をモットーに、努力を重ねていきたいとの思いを再確認しました。

そして、2018年1月には、日刊工業新聞社が中堅・中小企業の優れた経営者を表彰する「第35回優秀経営者顕彰」でエントリーの中から栄えある「優秀創業者賞」に推薦され、東京・大手町の経団連会館で表彰されました。この顕彰制度は、優れた経営手腕により企業を成長させ、日本経済の発展と地域社会に大きく貢献したモノづくり関連の経営者を顕彰する制度です。この受賞も小生一人の力ではなく、社員皆で獲得した賞と思っています。

第３５回優秀経営者顕彰贈賞式の様子（上・下）

最大の規模を誇る「関西工場」竣工

２０１９年には、業務拡大のため、兵庫県東灘区の六甲アイランドに当社最大規模を誇る関西工場が完成し、国内４工場体制になりました。３０００坪の土地に、本社工場と第二工場を合わせたシンクス史上最大規模の自社工場が設けられ、稼働開始しました。投資額は総額２０億円の大型投資物件でした。また、関西営業所を知名度ある大阪淀屋橋の「住友ビル二号館」に拡張移転しました。

第7章

企業経営とは　～仕事のコツ、考え方～

以上で、自伝的な部分はすべて書き終わりました。ここからは、私の半生を通じて大切にしてきたことなどをまとめてご紹介しておきたいと思います。業種業態にかかわらず、参考にしてもらえれば幸いです。

新規事業で成功するために

ある日、友人との新会社設立の会話の中で「倒産の確率」が話題になりました。日本では、新しく創業した会社のうち1年以内に倒産する会社は５０％、５年以内が８０％、１０年以内は何と９５％にものぼるそうです。

１０年以上倒産せずに成功したと言えるのは、上述した倒産確率よりもさらに厳しく、「ゼロ３つ」、つまり1千社のうち、たった3社しか成功しないそうです。成功確率は1％にも満たない程、難しいということです。

成功するための主要な条件は、信用、経験、人脈、新しい発想、革新的な技術、資金（緊急時の手元資金含む）などです。これらがなければ、成功の文字が遠のくのは言うまでもありません。

しかし、これらの条件がすべて備わっていれば、必ず成功できるかと言えばそうとも限りません。いくら素晴らしい事業計画であっても、開業時や運転資金の資金調達がうまくできなければ、「絵に描いた餅」となってしまいます。

どんなに時代が変わっても、新規事業で「成功すること」の厳しさは、昔も今も変わりはありません。「運」も味方に引き寄せれば、成功の確率を上げることができるでしょう。

金融機関との付き合い方

当たり前のことですが、創業時信用も業歴もないシンクスにとっては、メインバンクの横浜銀行と良き人間関係を構築することが、会社存続の鍵となると考えました。会社の業績の良し悪しにかかわらず、毎月欠かさず、お世話になっている横浜銀行にお邪魔し、月次報告や会社の現況などを説明しに出向きました。良きコミュニケーションを図ることが大切と考え、後任社長になってからの現在も継続しています。
ある時、支店長は
「長年にわたり支店長を仰せつかっているが、業績の良し悪しにかかわらず、毎月月次説明や会社の状況報告に、来行する会社には貴社以外に出会ったことは一度もない」と話していました。
大多数の中小企業の社長は、業績が良い時は胸を張って金融機関を訪問しますが、業績が悪くなると、報告に来ないのが一般的だそうです。

三方よしの精神

シンクスの会社精神の土台となっている「三方よしの精神」について、少し触れておきます。

江戸時代、日本の大動脈は東海道や中山道でした。そこを頭に陣笠、塙の合羽塙をまとい、肩から天秤棒を担ぎ、典型的スタイルで近江の特産品を担いで行商していたのが、江戸から明治にかけて日本各地で活躍した近江商人です。近江商人は　大坂商人、伊勢商人と並ぶ日本の三大商人の一つでした。

当時、近江の国（現在の滋賀県）は、商いの中心である大阪や江戸から遠く離れていました。そのため近江商人は、本店本家は近江の国に置き、サンプルを見せながら全国に行商して歩きました。商い先で商談を行い、現物は後日送り届けるという商い方法です。

この商い方法では、何よりも「信用」が重んじられました。「売り手良し、買い手良し、世間良し」の３つのよしを指す「三方よし」経営手法は、信用を重んじる近江商人の経営哲学として生まれたものです。信用を重んじ、売り手と買い手が共に満足し、さらに社会にも貢献できることが、正しい商人道、と近江商人は考えたそうです。

この精神は時代を超えて、現代でも充分に通用することから、現代版の「ＱＳＲ理念」で、シンクスもアレンジして企業理念としました。

第４章で記した１から４までのシンクス独自の４つの機能は、「三方よしの企業精神」「最高の品質」「確実なる納期」「誠実なる対応力」と言い換えることができます。お客様と末長くお取引をしていただくことで、お客様とシンクスの両者相互に、ウィンウィンの関係を築くことができると考えます。その結果として、地域社会にも貢献することができると確信しました。

シンクスの目標は、地域社会と共存しながら、お客様にとってなくてはならない企業であることです。同時に、魅力ある企業として末永く信頼され、継続して安定供給できる会社を目指します。ゴールなき駅伝競走のように、シンクスの「ゴール＝終着点」はありません。

創業当初は、お客様はシンクスに対して

「注文して大丈夫か。注文した商品は本当に確実に配達されるのか」

と半信半疑であったはずです。

しかし次第に、お客様が注文した商品が、約束通り確実にお客様の手元に配達され、さらに他社製品と比較して高品質で安定した製品であることを、お客様自身で確認納得していただけるようになりました。こうして、安心して注文できる仕入先として、シンクスの名は浸透していきました。お客様の心配ごとは次第になくなり、月を追う毎に、リピート注文してくださるようなりました。

次に小生が共感している「三方よし以外の教え」を紹介します。

江戸時代には、現代社会での「商い」にも通用する教えがありました。町人が商いをすることに対して、実践的な商道徳を教えた3つの言葉です。

①「実の商人は先も立ち、我も立つことを思うなり」

真の商人とは、買い手と（相手）と売り手（自分）の双方が、納得できる商売をするということを表しています。

②「二重の利を取り、甘き毒を喰い、自死するよう事多かるべし」

暴利を貪り（むさぼり）目先の利益に飛びつくあまり、自滅することも多いということです。これら二つの言葉は、いずれも商いをする上での「商道徳」であり、現代で言う「社会的責任」の重要性を示しています。

また、最近ではほとんど見られなくなりましたが、大正時代以降に全国の小学校に建てられた、かの有名な薪を背負いながら本を読む少年、すなわち二宮尊徳、通称二宮金次郎（江戸時代末期の人物で、一家を再興し、さらに村や藩を再興した思想家）も次のように述べています。

③「道徳無き経済は犯罪であり、経済の伴わない道徳は寝言である」
商道徳のない商いは犯罪である。また、経済の伴わない道徳は単なるお題目に過ぎない、ということです。

つまり、企業の本来的事業を正しく全うすることこそ大事である。これは立派な現代版のCSRです。

利益を求めるだけでなく、環境活動やボランティア活動、寄付活動などを通じて、企業として社会貢献への取り組みができなければ、存在価値のない会社となってしまいます。

会社は経済状況がどうあろうとも、利益を確保しなければなりません。そのためには、世の中が今どんな大きな流れになっているか、お客のニーズがどこにあるか、常に考えながら商売をすることが肝心です。

渋沢栄一が説いた道徳経済合一説に共感

さらに、小生が共感する渋沢栄一が提唱した「道徳経済合一説」についてもう一つ紹介します。新しい1万円札の顔になる、２０２1年のＮＨＫの大河ドラマ「青天を衝け」のモデルで、明治から大正にかけて活躍した実業家であり、日本の資本主義の父と呼ばれた渋沢栄一氏が、生涯追い求めた道徳経済合一説を、自身の著書である『論語と算盤』で述べています。

それは「道徳と経済は両立させることができる」という考え方です。渋沢氏は道徳を「論語」に、経済を「そろばん」と言い換えて、論語と算盤を一致させる「道徳経済合一説」の重要性を述べています。事業をするうえで、常に社会貢献や多くの人の幸せの実現といった公益を追求しながら、同時に利益を上げていくことでどちらかが優先されるものではないということです。２００8年のリーマンショック以降現在のグローバル資本主義に対しても充分に通用する考え方で、シンクスは創業よりお客様への６つの約束を経営理念の中で並べており、実践しています。

さらに、商売には「王道」「覇道」があります。「自分さえ良ければ良い＝自分の欲望を満たす」という覇道と、商人としての正しい道である王道です。この考え方は、商いに限ったことではなく、人間として生きていく以上、あらゆる場面で遭遇します。選択しなければならない場面に出くわした時には、しっかりと考えて行動しましょう。

経常利益の1％を社会還元

社会の一員として税金は正しく申告し、きちんと払うことは、義務であり当然のことです。

これに加えて、シンクスは地域社会の一員として、全社員がお客様の方向を向いて努力するとともに、社会貢献の証として、毎期「経常利益の1％を社会還元する」を実行させていただいています。お客様からいただいた貴重な利益から、地域社会や日本、世界へ、困っている団体などへ寄付させていただいています。これからも、毎期経常黒字決算を計上し、１％を社会還元できるよう、社員全員で最善の努力をすることをお約束します。

大企業でさえ、このような考え方を実践している企業はあまり見当たりませんが、中小企業を脱して、中堅企業となったシンクスが、おかげ様で１９９７年の創業開始から３年後の１９９９年より現在まで、途中倒産の危機もありましたが、全社員の努力と、多くのお客様のお力により、２５年間連続して経常黒字経営を維持することができました。そのため、社会貢献活動の一環として社会還元を続けることができました。心から感謝申し上げます。

おかげ様で社会還元累計金額は、何と９０００万円（２０２４年現在）を超えました。２５年連続しての記録は、全シンクス社員の自慢であり、誇りです。

セレンディピティをもたらした「行動や考え方の13カ条」

人生を左右する主要な出来事に対して、経済環境が非常に悪い時期で、しかもいずれも不況時での決断でした。ピンチではありましたが、ピンチをチャンスと捉えて素早く行動し、ピンチを跳ね返して良い方向に持っていくことができました。

セレンディピティとなる要因を挙げるとすれば、次のようなことを日々心がけていたからです。

①何事もプラス思考で考えたこと
②出会いを大切にしたこと
③多様な価値観を持つ良い友達を持ったこと
④小さなことでも差別化を図ったこと
⑤思い立ったら吉日と即行動したこと

何事も思い立ったが吉日、善は急げ＝思い立つ日にとがめなし、です。自分は運がないと思っているばかりでは、チャンスは来ません。また他人から評価されようがされまいが、自分の努力が認められるかどうかに関係なく、まずは最初の一歩を踏み出さなければ、何も起こらないし、起こせないのです。

⑥神様や両親、先祖や世話になった人々に、感謝の気持ちを忘れなかったこと

⑦何があっても絶対に諦めなかったこと

⑧経常利益の１％を社会還元を続けたこと

会社の利益はどう使うかについては、創業時から決めていました。

⑨不況の到来に備え自己資本の充実を図ったこと

会社を絶対に倒産させないよう、内部留保に努めてきました。ダムのように、平素から予想しにくい不況の到来に備え、自己資本の充実を第一に心がけました。

なぜなら人間には、嫌でも死が訪れます。企業は人が入れ替わっても、時代の要請にこたえられるビジネスモデルを構築していれば、死を免れることができます。企業は長寿企業となってこそ、企業価値評価が発揮されるのです。

⑩先義後利の考えを持ったこと

先義後利とは、人としての道義、義理を最優先にしていれば、利益は後から勝手についてくる、つまり利益より、先にお客様の役に立ち喜んでもらえれば、利益は自ずと後からついてくるという、中国の古典『孟子』の梁恵王の言葉です。したがって、先述しましたように、シンクスに関係するすべての人（社員同士でも自分が有利な立場＝優越的位置にいても同列）に対し親身になって懇切丁寧に応対し、自分の利益を後回しにして、先に義理を尽くす。これこそが、長期的に見て良好な人間関係を構築するコツと考えます。

これは、シンクスの経営哲学の基礎となっています。

⑪チャンスを掴むよう準備したこと

神様は、チャンスを人間皆平等に与えてくれます。しかし、自分でチャンスを積極的に取りに行かず、待っているだけではチャンスは逃げてしまいます。

チャンスが訪れても自分に巡ってきていると気づかずに、見過ごしている人達が多いのも事実です。運気はスゥーっと、あっと言う間にその人から離れてしまいます。残念ながら、チャンスがいつ何時、来るかについては前もってわかりません。待機準備していることが肝心です。じっと待っているだけでは、駄目です。また、自分は運とツキのない人間だと思うのなら、ツキが来るように努力しなければ、いつまで経っても自分には運気は来ません。

さらに次のことを心がければ、経験から運気を呼び込むことができます。

⑫どんな仕事でも「コツコツと努力」したこと

自分がしている行動は、小さいことかもしれませんが、小さな行動こそ、世の中に役に立っていると思うことが大切です。

どんなに些細な仕事でも、それは大きな仕事の一部です。大きなことは小さなことの蓄積であり「千里の道も一歩から」

⑬一日一善を行ったこと

小さなことですが、ゴミが落ちているのを目にしたら拾うなど、何でも良いから自分が良いと思うことをするということです。米国の大リーグ・エンジェルスやドジャースに所属、2022年に2刀流で、ベーブルースを超える活躍をしている、かの有名な大谷翔平選手が日本人はもちろんのこと、アメリカの大人や子供、さらには世界中の人々を魅了したことは、皆さんよくご存知のことと思います。

素晴らしいのは記録だけでなく、球場でごみが落ちていればそっと拾って、ユニフォームのポケットにしまう、テレビ画面に映し出される、そんな仕草が、心優しい人間として共感を集める理由と思われます。ビッグスターの大谷選手さえやっている小さな一善をぜひ今すぐ実行してみてください。神様は見ています。必ず良いことがあります。

セレンディピティと思われる出来事

セレンディピティと思われる出来事を列挙してみると、小生の人生には次の様な出来事がたくさんありました。

1. 思ってもいなかった水産会社に入社できたおかげで、ほとんどの人が経験したくてもできない母船式海上勤務を３回も経験できたこと。

2. １９９５年に発生した地下鉄サリン事件で犯行に利用された地下鉄日比谷線の北千住駅にて、その日に限って混雑していたので、電車を普段より一本遅らせたこと。さらに幸運だったのはサリンが撒かれたのは、最後尾の車両であったと後から判明。それはつまり混雑していなければ、いつも通り同じ時刻の同じ車両に座っていたことになる。つまり最悪、死亡していた可能性は大だったこと。それを考えるとぞっとする。まさに奇跡。

3. A社に３１歳で中途採用されたが、新しい事業等を興しアルミの月間販売量を一トンから千トンにまで飛躍的に伸ばした。ＰＢブランドも開発した。さらにお客様のために、数々のキャッチフレーズや2種類の在庫案内を制作し好評を得たこと。

4. 新会社設立時に、当時部下であった３人の課長にのみ「参画の意志」を問うたところ全員から賛同してもらえたこと。

5．「なくてはならない会社」にするため、社名を太陽のＳｈｉｎｅから名付けてシンクスとしたが驚いた。なんとメンバー４人全員の頭文字が入っているではないか。これぞ奇跡でありセレンディピティ。

6．シンクス会社設立時、経営理念の中で述べている経営目的は「社会に貢献すること」である。その手段として利益を上げることが、渋沢栄一の唱えた「道徳経済合一説」の考え方に一致したこと。

7．シンクス設立時の資金調達時、兄弟５人（伴侶を合わせると）１０人全員が損得を抜きとして小生を信頼して担保提供を承諾するという、世間ではありえない奇跡が起こったこと。

8．東京投資育成㈱が、２００４年というシンクス創成期にもかかわらず、満額の３千万円を出資して頂き大株主になっていただいたこと。

9．２００８年に独自のビジネスモデルや経営手法で実績ある事業家を表彰する「第４回神奈川キラリ・チャレンジ大賞」の大賞に輝いたこと。

10．いままで工業専用団地の物件を、いろいろ手をつくすも見つからなかった。しかし、たまたま取引のない銀行から紹介され、購入できた。幸運はさらに続き、その購入資金までも予期せぬ公的資金から借りることができた。

11．弊社工場の真向いの土地を購入しようと申し入れたが断られた。しかし１年半後再度申し入れたところ、買うことができた。

12．現在、２度の経営危機を乗り越え創業２７年を迎えた中堅企業となったが、２５年連続して株主配当を継続できたこと。

13．２５年連続の「経営利益１％社会還元」を社会貢献事業として実行し、累計金額は何と９千万円を超えるまでになった。これがシンクス社員の自慢でありかつ誇りとなったこと。

新規事業を始めるベストな時期とは

事業を始めるには、不況時こそ一番です。なぜなら、景気は悪い時は、これ以上悪くなる確率は少なく、反対に景気が良い時は、景気が悪くなる確率が高いからです。

また「会社理念」＝「会社の存在意義」＝「目的」をきちんと備えているかが、「運」を味方にして、事業を成功させられるかどうかを左右する、重要な要件であると思います。

シンクスにゴールはありません。しかし、創業から四半世紀にわたり、お客様から信頼されて事業を継続できたことは、「存在価値のある企業」即ち「なくてはならない企業」として、一定の評価をしていただいた「証」であると思います。

これからも、現状に満足せず、お客様に対して「なくてはならない企業」として、存在できるよう、更なる「お客様満足度」を高めるとともに、「経営環境の変化に対応できる柔軟な適応能力」を身につけ、日々「お客様との信頼」を一歩一歩積み重ねていく努力することが、何より重要と考えています。

一流企業で不祥事がおきる理由

営利会社である以上、会社が最大利潤を追求することは当然です。決して悪いことではありません。しかし、利潤追求の手段が問題なのです。

現在でも、会社の不祥事は減少するどころか、逆にますます多くなってきている感じがします。誠に嘆かわしいことです。

日本は世界で一番安全であり、同時に一番安心できる国であると言われていますが、ベンチャー企業やさらには大手企業に至るまで、規模の大小問わず企業不信が渦巻いています。

２０１３年、大手で一流と評される阪神阪急ホテルズをはじめとして、ホテル業界で偽証、誤表示が報道されました。またかと思う程幹部や社長が深々と頭を下げ、弁解しているシーンが決まってテレビに映し出され、一般消費者は
「一流で、しかも名も知られたレストランは、値段は少々高くても信用していたのに、これからは何を信用していいか分からない」

とインタビューで答えていました。

その後も間髪を入れずに、次から次へと不祥事は現れ、他の一流レストランまでも偽証表示が発覚しました。結局ほとんどの一流レストランで行われていたことが判明。紛

らわしい部分もありますが、まさに偽証のオンパレードでした。

２０１３年には、日本食が文化遺産へ登録されることが決まり、世界で一番の安心安全であると言われた「日本の食文化」「おもてなし」はどうしてしまったのでしょうか。

偽証問題だけでなく、世間を騒がせた会社の記者会見で、社長や幹部が決まって言われる言葉は、

「意図的ではない」

「コミュニケーション不足であったから」

「会社が苦しかったから」

「利益をもっと上げたかったから」

「違法だとは知らなかった」

「部下が勝手にやったことである（本当はトップの指示であるのに）」

「会社ぐるみではない」

「世の中の変化についてゆくため、価格競争が激しくなったから」

等々という弁明です。皆さんはこの話を聞いてどう感じますか。

本当の原因は、これくらいは大丈夫と考えてしまう、志の低い経営者・幹部の金儲け主義や、倫理観の欠如であると思います。

会社が、単なる金儲けの道具となってしまっているからではないでしょうか？

会社経営にはロマンがあるはずなのに、どこでどう狂ってしまったのでしょう。

多くの会社の社員は、お客様に喜んでもらえる新しい商品を世に出すことや、今までにないサービスの提供など、お客様に喜びと幸せを与えるという夢を持っています。それに反して、トップは「会社経営の目的」が目先の利益を上げることに一生懸命で、金儲けを優先させ、その結果、お客様を誤魔化しても、自分さえ儲かれば良いという考えに至ってしまいます。これは、経営者の志の重大な誤りであると思います。

すなわち、会社経営の「目的」と「手段」があべこべになっているのです。

大事なことは「経営者と社員が夢を共有しなければならない」ことです。

トップはたとえ問題が発覚しなくても、最前線で頑張っている社員が、会社の現状に自分の仕事や会社に失望し、金銭に換えられないモチベーションを低下させていることに、自覚しなくてはなりません。

どの企業でも創業当初は、立派で素晴らしい「経営者の志」を掲げているのですが、年月が経つにつれ傲慢になり疲労し、当初の志を忘れ、徐々に金儲け主義に、間違った方向に向かってしまうことがあります。そのような結果に陥ってしまうことは、会社の「賞味期限」すなわち、会社の寿命が切れてしまった状態であることを暗示しています。それなのに、経営者がそれに気づいていないのかもしれません。

最近でも多くの不祥事がありました。かんぽ生命の不適切販売、ＫＹＢの免震装置データ改ざん、スルガ銀行の不正融資、東芝の長期におよぶ不適切会計等々……。

それぞれの理由があるとはいえ、良いことではなく悪いことで、新聞を賑わせていました。先人達が一生懸命努力して築いてきたのに、その精神はどこにいってしまったのでしょうか……。

特に一流企業での不祥事が目立ちます。会社の存続には利益が必要不可欠ですが、なぜ不祥事が次々と起こるのでしょうか？

経営者が、短い在任期間中に利益を出すことだけを目指し、モラルより利益を優先してしまうことが、大きな要因になっていると推測します。

先義後利とは

上述したように、昨今上場会社だけでなく中小企業会社にも不祥事が絶えません。きつい言葉かも知れませんが、トップが利潤の追求のみに明け暮れ、社会に貢献することが、置き去りになっているからだと思います。

しかし、今日では社会的ルールを破った時など、金銭的なペナルティーが科せられるだけでなく、社会的信用を失う方がずっとダメージが大きいということを、経営者だけでなく社員もしっかりと心に留めておかねばならないと思います。

最悪は倒産に至るかもしれないのです。

これは利益を追求することがいけないと言うことではありません。事業をやるからには会社が赤字では、会社そのものの「存在価値」はなくなります。企業が持続的に発展していくためには、利益の額も大事ですが、それ以上に大切なことは、その利益を、どのようにして稼いだかということではないでしょうか。

大事なことは「利益の質」です。誤魔化すなどして一時的に利益は出るかもしれませんが、会社が永続することはできないばかりか、そのことで信用を失い倒産する可能性もあることを、経営者は十二分に承知していると思います。

何度もお伝えしますが、どんなに時代は変わろうと「商いは人と人との信頼関係」によって成り立っているのです。言葉で理解するだけではなく、その思いを持ち続けることが大切であると思います。

会社は「どれだけ儲けたか」ではなく「どうやって儲けたか」が問われると同時に、出た利益を「どのように使うか」が重要です。したがって、最大利潤の追求が会社目的になっては駄目で、利益の質を追求し自社の存在価値を高めていくことの重要性を、心して考えることであると考えます。

シンクスが商いをするうえで大事にしている「先義後利」という言葉があります。企業の利益は、お客様や社会へ「義」を通して信頼を得て、もたらされた結果であり、さらに儲けようと思えば思う程「義」は遠くなり、その結果、儲けさえすれば手段を選ばずとなってしまいます。しかし、役に立つこと、お客様に喜んでいただくことをまず考えれば、利益は後から付いて来ます。お客様に喜んで貰えれば、自ずと利益は生まれるという意味です。

例えば、誤魔化して大きな額の利益を上げた会社より、コツコツ真面目に仕事し、お客様に喜んでいただき、儲けた利益額が少ない会社の方が「存在価値」はあります。

シンクス設立の目的は「世の中で存在価値があり、社会に貢献できる会社」にすることです。そのため「社会に貢献する手段として利益を上げる」のであり、シンクスだけが得するのでなく、多くのお客様に喜んでいただくことが目的です。

多くの会社は社是、理念などで我社は「顧客第一主義」「お客様志向」「お客様本位」「お客様は神様です」など、お客様重視を掲げていますが、単なる言葉だけを唱えている会社も少なくありません。

買っていただく人を厳しい言葉ですが「金づる」と思い込み、消費者感覚とのズレも「自分本位」にしか思わない経営者・幹部は多いのではないでしょうか。

上述した諸々の考え方を、シンクス哲学としてこれからも、経営者および社員全員が、しっかりと理解して、取り組んで行って貰いたいと願っています。

おわりに

これまで、シンクス誕生の物語を綴ってきましたが、これからの時代を生き抜く皆さんに伝えたいのは、どんな困難が訪れても情熱を持ち続けてほしい、ということです。シンクスには、**情熱×3C×1S**という「**勝利の方程式**」があります。Cというのは、「Chance（機会）」「Challenge（挑戦）」「Change（変革）」の3つです。変化がある時代だからこそチャンスと捉え、行動を起こし、挑戦しようという意識に自分を変えることです。

与えられた仕事をただこなすだけではなく、失敗しても良いから行動してみる。失敗したら反省して、次の行動の糧とし、スピード感を持って行動することです。

そして何より、行動するには情熱が必要です。変化の激しい時代を生き抜くために、私たちは情熱を持ち続け、社会に貢献していくことを目指していきます。

本書は自叙伝ですので、小生の人生で起きたことを中心に書いてしまいました。しかし、私一人の力で今のシンクスがあるわけではありません。

創業から今日まで長期にわたって経営に参画してくれたシンクスの社名の通り、服部、成沢、石坂各氏の優秀なるメンバー3人の並々ならぬ努力がなければ、現在のシンクスが中堅企業として非鉄金属業界のトップクラスに成長させることはできませんでした。御礼を申し上げます。ありがとうございました。

繰り返しになりますが、残念ながら鬼籍に入られた住金物産の牧野氏、住友軽金属の遠山氏と、旧中小企業事業団の伊藤氏、株主、ほか多くのお客様のご協力とあわせて小生を信頼し多額の担保提供人になってくれた小生の母親、兄弟、家内（監査役）の援助に対しても厚く御礼申し上げます。

私自身、社長、会長、相談役と27年間シンクスに携われたことは幸せです。

シンクスがこの先、大きな困難に直面し、経営が大きく揺さぶられるような危機に遭遇した時に、本書が手本になってくれるよう心から願っています。

終わりといたします。最後までお読みいただきありがとうございました。

著者プロフィール

柴﨑安弘（しばざき・やすひろ）

株式会社シンクスコーポレーション創業者。1942（昭和 17）年、文京区に生まれる。立教大学経済学部卒業後、水産会社、大手非鉄金属卸売会社を経て、1997 年（54 歳時）に日本初の複合型非鉄金属加工小売会社となる株式会社シンクスコーポレーションを創業。切削加工に特化し、顧客ニーズに沿った在庫機能を持つ小売業形態を創案し、「当日 17 時 30 分までの注文品は翌日配達」といったお客様第一のサービスを展開する。神奈川県愛甲郡愛川町の内陸工業団地に本社工場、第二、第三工場を構え、2012 年には最大規模を誇る関西工場を設立。2022 年（第 25 期）年商は売上高 160 億円を突破し、2024 年現在 25 年連続配当を実施、かつ毎期経営利益の 1%を社会還元し、継続している。その累計金額は、9000 万円を超える優良企業となった。また、第 4 回かながわ " キラリ " チャレンジャー大賞受賞（2017 年）。日刊工業新聞社主催第 35 回優秀経営者顕彰では「優秀創業者賞」を受賞。神奈川内陸工業団地協同組合理事長（2 期）を歴任し、産業の発展と町勢発展の功労者として愛川町より表彰される。

信頼と創造の物語

＜検印省略＞

２０２４年１１月１４日　第１刷発行

２０２４年１１月２９日　第２刷発行

著　者──柴﨑安弘

発行者──高木伸浩

発行所──ライティング株式会社

〒 603-8313 京都市北区紫野下柏野町 22-29

TEL：075-467-8500　FAX：075-468-6622

発売所──株式会社星雲社（共同出版社・流通責任出版社）

〒 112-0012 東京都文京区水道 1-3-30

TEL：03-3868-3275

copyright © Yashuhiro Shibazaki

編集協力：久保田めぐみ

印刷製本：ニシダ印刷製本

カバーデザイン：横野由実

乱丁本・落丁本はお取り替えいたします

ISBN978-4-434-34936-2　C0034　¥1000E